Contraste insuffisant

NF Z 43-120-14

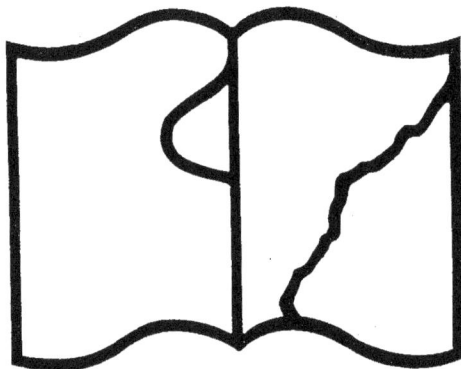

Texte détérioré — reliure défectueuse

NF Z 43-120-11

LETTRE

A M. LE COMTE

DE BUFFON,

Intendant du Jardin & du Cabinet du Roi, de l'Académie Françoise, de celle des Sciences, &c. &c. ...

OU

CRITIQUE, ET NOUVEL ESSAI
Sur la

Théorie Générale dé la Terre.

Avec une Notice du dernier Discours de M. Pallas, Académicien de Petersbourg, sur la formation des Montagnes, sur les changemens arrivés au Globe, &c.

Par M. Bertrand, Inspecteur génl des Ponts et chaussées.

A BESANÇON.

1780.

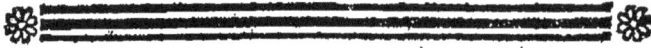

AVIS

DE L'EDITEUR.

PENDANT l'impression de cet Ouvrage, M. l'Abbé ROYOU a publié sur le même sujet, dans les n°. 39 & 40 de l'Année Littéraire, deux nouvelles Lettres où la Physique, la Théologie & l'ironie se disputent toujours l'honneur de renverser entièrement le système de M. DE BUFFON, ou le MONDE DE VERRE.

On nous annonce en même temps une autre critique particulière, mais plus sérieuse, de la part de M. ROMÉ DE L'ISLE, intitulée: l'Action du feu central bannie de la surface de la terre, & le Soleil rétabli dans tous ses droits, contre les assertions de MM. DE BUFFON, DE MAIRAN, BAILLY, &c. Mais une proposition aussi exclusive pourroit bien n'être encore qu'une nouvelle erreur substituée à une erreur contraire.

Le nouvel Essai que nous publions ne traite, à la vérité, ces questions particu-

lières qu'en paſſant * ; mais il le fait, ce
ſemble, d'une manière bien plus Philoſophique, en évitant, en montrant même
le danger de tomber ainſi dans les ex-
trèmes. Du reſte, on voit que la véritable
intention de l'Auteur n'eſt pas de criti-
quer ni de détruire ; mais ſeulement de
battre & d'applanir un terrein qu'il trouve
tout culbuté, pour pouvoir enſuite y
fonder à ſon tour, & plus ſolidement, un
Plan général dont il laiſſe à d'autres le
ſoin d'achever la diſtribution & la décora-
tion. Auſſi marche-t-il droit à ſon but par
des routes nouvelles ; & toujours d'un pas
aſſuré, ſans viſer aux charmes du ſtyle,
ſans même s'inquiéter des autorités qui
ſont pour ou contre lui : il n'en connoit
pas d'autres que la Logique, & l'Obſervation dégagée de préjugés. A-t-il uſé
ſagement & avec ſuccès de cette liberté ?
C'eſt aux Naturaliſtes, exempts auſſi de
prévention, à prononcer : mais, ſi nous
ne craignions pas d'anticiper ſur leur jugement, nous annoncerions ce petit Ouvrage comme l'Hiſtoire abrégée du Globe,
la meilleure ou la plus probable qui ait
encore paru.

* Pag. 23 — 26... 41 — 46... Note 148 — 153.

LETTRE

A M. LE COMTE DE BUFFON.

M.

QUAND la théorie de la Terre ne m'auroit pas toujours paru la partie la plus intéressante de l'Histoire naturelle, le charme que vous y avez attaché par votre premier traité auroit suffi pour en faire l'objet le plus attrayant de mes méditations & de mes recherches. J'ai donc employé vos yeux & les miens pour observer attentivement toutes les fois que j'en ai eu le temps & l'occasion ; mais à l'aide des lumières que vous m'avez vous même fournies, cherchant comme vous la vérité, j'ai été forcé quelquefois de voir les mêmes choses autrement que vous, & de leur donner des causes ou des effets différens.

A

Je gardois mes réflexions pour moi
seul, parce que vous paroissiez avoir eu
pour but principal d'éclairer les Natu-
ralistes, en les invitant aux vérifications
& à des recherches nouvelles. Mais le Supplément que vous venez de publier faisant
de cette théorie un corps de doctrine
complet par des propositions aussi neuves
qu'imposantes, & par une richesse de
preuves qui semble entraîner la convic-
tion & changer les hypothéses en dogmes,
il faut ou que je me soumette entièrement en vous faisant le sacrifice de mes
idées particulières, ce qui est trop contraire à la Philosophie en général, &
à vos préceptes en particulier, ou que
je recommence à parcourir & à interroger
la nature sans guide ni interprète, si la
vérité est encore éloignée ; sinon que
je cherche au moins à lever le voile
qui m'offusque, en vous exposant mes
doutes & les difficultés principales que
présente encore votre ingénieux & bril-
lant ouvrage.

Je vais le faire de la manière la plus
claire qu'il me sera possible, & avec
toute la liberté que peuvent me laisser

l'admiration & le refpect que je vous porte fincèrement ; ce fera fans citer les paffages qui feront le fujet de cette courte difcuffion, parce qu'ils doivent être préfens à l'efprit de tout le monde ; & fans m'écarter ni de mon objet, ni de la fimplicité du ftyle qui paroît feul lui convenir.

I.

IL me femble que la matière ardente & liquéfiée du foleil n'auroit pu en être détachée par un corps folide & par un choc affez violent pour lui imprimer les mouvemens que nous voyons dans les planetes, fans qu'elle eût été éparpillée & difperfée entièrement, fans qu'au moins une infinité de parcelles fuffent immédiatement retombées dans ce corps immenfe, & qu'une infinité d'autres euffent reçu des impulfions latérales & des directions bien différentes de celle du moteur que vous fuppofez avoir agi dès-lors dans le plan de l'écliptique.

Si l'on peut accorder cela avec votre hypothèfe, c'eft en difant que les par-

A 2

ticules trop petites, isolées, ou qui
n'avoient reçu qu'une impulsion de tour-
noiement, se sont effectivement précipitées bientôt dans le soleil ; mais que
toutes celles dont l'impulsion concou-
roit à-peu-près avec l'écliptique se font
successivement réunies dans leur marche,
soit au cortége, soit à la masse elle-
même des six corps principaux, & que
celles qui ont été chassées trop obliquement, ayant fait bande à part, sont
restées comme errantes sous le nom de
cometes. Mais non : vous voulez que
celles-ci soient toutes préexistantes à cet
événement, & que l'une d'entr'elles en
soit même la cause, ce qui laisse sub-
sister une grande partie de la difficulté.
En voici une autre.

I I.

BIEN des gens instruits ne conçoi-
vent pas comment une matière aussi
fluide a pu recevoir une impulsion générale à toutes les parties qui compo-
sent son volume, de manière à devenir
un projectile soumis rigoureusement aux

mêmes loix que tous les corps solides.
On peut leur répondre que dans le
vuide ou dans le plein de l'espace il
n'y a pas de loix différentes pour la
projection des corps compactes & des
corps liquides; qu'il suffit à une partie
de la masse d'avoir été choquée directement pour qu'elle imprime le même
mouvement à tout ce qui est devant
elle, qu'elle l'emporte même par le
seul effet d'un frottement & d'une affi-
nité qui, à tout prendre, ne sont pas
plus inconcevables que ne l'est une force
capable de vaincre la résistance prodi-
gieuse que l'attraction du soleil opposoit
à son démembrement. Il est vrai qu'il
faudroit supposer dans cette masse, &
dans l'instant même, l'impression d'un
autre mouvement d'enveloppement & de
rotation, sans lequel les parties n'auroient jamais eu une vîtesse commune,
puisque toutes celles qui n'étoient pas
directement animées par le choc (&
c'étoit certainement le plus grand nombre) avoient une tendance bien plus
grande à retourner au soleil, & que
tout le reste n'auroit pu faire qu'une

fusée traînante qui à la vérité seroit devenue nécessairement globuleuse en s'éloi-
gnant, mais qui n'auroit jamais acquis
la faculté de tourner sur elle-même.

I I I.

C'EST donc cette condition essen-
tielle de la projection & de la rotation
instantanée des planetes qui présente la
plus grande difficulté, & c'est presque
la seule que vous n'ayez pas cherché
à résoudre. (*) La portion de la matière arrachée au soleil, quoique liquide
& bouillante, a pu, si vous le voulez,

_____

(*) Vous l'avez au contraire rendue in-
soluble, lorsque vous avez prétendu que la
matière détachée du soleil formoit un seul
torrent dans lequel les planetes se sont formées à différentes distances, en s'appropriant
& en inglobant tout ce qui se trouvoit d'une
densité relative à cet éloignement. Vous ne
pouvez pas dire qu'il restoit une impression
de l'obliquité du premier choc ni sur ce
fleuve cylindrique ou cônique, ni à plus
forte raison sur aucun des globes qui en font
résultés après le triage.

recevoir un mouvement direct & général de progreſſion; mais que dans cet état & en même temps elle en ait reçu un de rotation, c'eſt ce que l'on ne conçoit pas. Il n'y a que les corps durs qui en ſoient parfaitement ſuſceptibles par un choc excentrique; les corps mols s'y refuſent en partie, & il eſt reconnu pour impoſſible d'en produire même quelques apparences par le ſimple effet d'un choc direct ſur une maſſe liquide, à moins qu'elle ne ſoit contenue dans un baſſin, ou nageant dans un milieu plus denſe qu'elle : or ce baſſin ou ce milieu que l'on voudroit ſuppoſer ici ne pourroient être que la partie échancrée & reſtante du ſoleil, c'eſt-à-dire la même matière froiſſée de même ou en ſens contraire, & par conſéquent incapable d'opérer ſur ſon homogène les tournoiemens que l'eau ſouffre en frottant contre les bords d'une rivière, ou ſur les piles d'un pont.

I V.

IL n'y a pas moins de difficulté à trouver dans votre hypothéſe la cauſe

A 4

de l'orbite des planetes. Dire fimplement qu'elles font arrachées & lancées loin du foleil fixe, qui tend continuellement à les retirer, non-feulement ce n'eft pas nous apprendre pourquoi elles tournent autour de lui, mais c'eft annoncer au contraire qu'elles ne peuvent pas tourner. Dès qu'elles font en proie à deux forces directement oppofées en ligne droite, & dans l'un des rayons du foleil, elles doivent inconteftablement ou s'aller perdre pour toujours dans l'immenfité, fi la force projectrice l'emporte, ou retomber par le même chemin, fi elle vient à s'épuifer par les efforts contraires & continus de la gravitation. Enfin, il n'eft pas concevable que de deux actions en ligne droite, & diamétralement oppofées, il en puiffe jamais réfulter un mouvement circulaire; il l'eft bien moins encore que le foleil qui feroit l'origine & le premier point de cette courbe puiffe par cela feul en devenir jamais le centre même ou le foyer.

Cette difficulté ne vous a pas échappé, & vous avez cru la réfoudre par l'une

de ces trois fuppofitions, 1º. qu'il y
a eu dans les planetes, comme dans
l'éruption d'une fufée & d'un volcan,
une impulfion accélérée qui a étendu
l'orbite & éloigné par conféquent fon
périhelie; ce qui feroit bon s'il y avoit
eu réellement plufieurs impulfions répé-
tées & fucceffives comme dans les deux
exemples cités : 2º. ou que le torrent
de la matière folaire a jailli par fon
élafticité au-deffus de cet aftre & de la
direction motrice; ce que l'on peut admettre à la vérité, mais pour en conclure au contraire que l'orbe ou la direction de la planete au lieu d'être tan-
gente au foleil y feroit alors néceffairement convergente, & détruite dès le
premier périhelie : 3º. ou bien enfin,
que le foleil a reçu par le même choc
un mouvement particulier qui doit fubfifter encore; mais il y a là un nouvel embarras : fi c'eft le même choc,
il eft fenfé antérieur à la divifion du
foleil, par conféquent commun à la portion enlevée & à la portion reftante,
par conféquent nul relativement à toutes
deux : fi ce mouvement fubfifte en-

core, l'on peut affurer qu'il n'eft pas
de 30 millions de lieues en fix mois,
par conféquent pas fuffifant pour s'être
porté au centre de l'orbite terreftre, à
moins, comme vous l'infinuez en ce
cas, qu'il ne foit commun auffi à toutes
les planetes; mais alors ce feroit une
tranflation abfolue du fyftême général,
& non pas le fimple balancement que
nous admettons vous & moi autour de
fon centre rationel.

A l'article des fatellites, vous fem-
blez aggraver encore la difficulté en
difant formellement que ce font les
parties les plus légères de la planete
qui étant encore liquides fe font élancées
de fon équateur par la feule force con-
centrifuge pour circuler enfuite autour
d'elle comme centre. Il eft vrai que
ce cas ci, où le centre lui-même a une
tranflation propre & commune, eft fi
différent du premier, qu'il pourroit fournir une folution particulière & affez
plaufible. Mais fi l'on peut concevoir
que la force centripete ait pu céder jufqu'à ce point à fon antagonifte fans
devenir toujours & de plus en plus

impuiſſante ſur le nouveau projectile, on ne concevra pas, ſur-tout dans une maſſe fondue, des matières aſſez légères pour juſtifier la ſuppoſition; puiſque entre ces deux forces, qui ſont réellement & reſpectivement encore les mêmes ſur la terre, l'on n'apperçoit pas qu'il y ait le moindre combat à l'occaſion ni des eaux, ni des plumes, ni même des vapeurs. Ces matières, les plus légères que l'on connoiſſe, obéiſſent auſſi docilement à l'une de ces forces qu'à l'autre; & quelqu'autre violence que l'on ſuppoſât dans la rotation & dans la force centrifuge, il n'en pourroit réſulter qu'une plus grande différence dans la gravitation reſpective des paralleles, & un plus grand applatiſſement aux poles, mais jamais une ſéparation abſolue des parties de l'équateur, dont l'exil n'auroit d'ailleurs point de terme; car ces parties une fois lancées par une force acquiſe & conſtante, tandis que celle qui n'a pu les retenir à la ſurface va décroître encore comme la racine quarrée des diſtances, leur route doit s'éloigner ſans ceſſe; elle ſera

cependant plus ou moins orbiculaire &
concentrique à celle de la planete, fuivant que l'élancement fe fera fait par-
deſſus ou deſſous, pardevant ou derrière
elle.

V.

LA plus philoſophique, la meilleure,
& peut-être la feule explication de la
lumière & de la chaleur incroyable du
foleil, eſt à mon avis celle que vous
donnez. Pour parler aux oreilles de tout
le monde, vous le repréſentez très-bien
comme un eſſieu au centre d'une roue
dont les planetes font la jante, lequel
ne s'enflamme que par la vîteſſe, la
charge & l'activité des rayons. Par conféquent fans les planetes il n'y auroit
ni jante, ni roue, ni preſſion, ni cauſe
de chaleur; cependant vous fuppofez,
& votre théorie l'exige abfolument,
qu'avant la formation des planetes le
foleil étoit tel qu'il eſt, & auſſi bouil-
lant. Il eſt vrai que vous avez fenti
cette objection, & que vous avez cru
la prévenir en fuppofant encore la pré-

exiftance des cometes, en en fupputant
le nombre d'après celles qui font connues ou vifibles aujourd'hui, & en concluant qu'elles étoient plus que fuffifantes pour établir dans le foleil un
centre d'activité capable de le tenir également en fufion. Mais cette fuppofi-
tion & cette conclufion font auffi dif-
ficiles à admettre l'une que l'autre.
D'ailleurs, votre belle théorie faite pour
remonter à l'origine des chofes, pour
embraffer par conféquent celles des cometes, feroit en défaut à cet égard;
elle ne donneroit pas même complète-
ment le fyftême planétaire, puifque tout
nous dit que le foleil & les planetes y
font dans une dépendance effentielle &
réciproque; & que comme elles n'exif-
teroient pas fans lui, il n'a pu exifter
fans elles, au moins dans l'état que
cette dépendance feule peut lui donner.

V I.

ENFIN, fi la terre étoit, comme vous
le prétendez, un lingot détaché du foleil,
pourquoi ne nous paroîtroit-elle plus être

que l'ouvrage & le féjour des eaux ?
D'où celles - ci feroient - elles venues ?
Comment auroit pu fe faire une pareille
converfion ? Quoique vous ayez fait
votre poffible pour réfoudre cette difficulté, nous ferons peut-être obligés d'y
revenir.

Mais dire qu'à l'arrivée de ces eaux
le feul contrafte entre leur température
& celle du lingot a bouleverfé fa furface par de terribles explofions, c'eft
fuppofer que cette furface étoit encore
ardente au point de liquidité ; que les
eaux qui jufques-là n'avoient été fe-
queftrées, fufpendues & repouffées que
par cette même incandefcence ont néanmoins brufquement triomphé d'elle pendant qu'elle brilloit encore ; qu'elles fe
font donc précipitées fur le lingot comme
par une impulfion étrangère, comme un
pot d'eau que je verferois d'une main
dans un creufet que je tiendrois de
l'autre. C'eft en outre fuppofer que ma
fonte en feroit quitte auffi pour fe couvrir d'une croute folide & raboteufe, &
mon pot d'eau pour y furnager en bouil-
lant, tandis que l'un ou l'autre, & peut-

être tous deux devroient fe volatilifer
& difparoître. (*)

Vous fçavez cependant que, bien différente du pot d'eau à l'égard du fer
rouge qui lui eft abfolument étranger,
l'athmofphere a toujours été une appar-
tenance & une extenfion du globe même
en quelqu'état qu'il ait été; vous fçavez
que la pluie ne tombe pas fans qu'il
l'appelle, & qu'elle refte fouvent en
chemin lorfqu'il la refufe. Vous avouez
vous même que les premières pluies n'ont
pu defcendre jufqu'à le toucher que lorfqu'il a été en état de les recevoir,
lorfque fa chaleur n'a plus été affez
forte pour les repouffer & les diffiper.

_____

(*) Quand vous n'auriez ni le deffein,
ni le befoin d'admettre un pareil combat
entre le feu & l'eau, pour rendre probable
une déformation de votre globe parfait, auffi
grande fur - tout que celle que vous nous
donnez à concevoir, vous ne pourriez pas
d'ailleurs vous en paffer pour expliquer la
très-forte & très-longue ébulition qui feule
a pu diffoudre la quantité énorme & inconnue du verre primitif que vous nous
montrez par-tout comme décompofé.

Or ce globe étoit-il au point de les appeller & de les recevoir fi fa furface
même n'étoit pas encore figée, fi le
premier contaƈt a pu y exciter des explofions auffi violentes que vous le dites?
On voit à la vérité que la terre & l'atmofphere combattent quelquefois locale-
ment; qu'ici la pluie fe glace, qu'ailleurs la grêle fe fond auffitôt qu'elles
font tombées ; mais fi vous fuppofiez
que du centre à la circonférence la terre
fût ou une glace ou un brafier général,
il faudroit néceffairement encore fuppofer l'atmofphere immédiate dans un état
analogue & conftant, tel au moins qu'il
ne pourroit faire paffer à la terre aucune émiffion affez difparate, affez en-
nemie pour y occafionner des combats
& des phénomenes auffi étonnans que
le vôtre.

V I I.

CEPENDANT cette hypothéfe eft à
tant d'égards fi ingénieufement juftifiée
que je m'y rendrois fi je pouvois être
d'accord avec vous fur les faits que vous

nous cités comme témoins encore exiſtans.
Il y en a deux principaux, & d'autant
plus eſſentiels à établir, que ce ſont les
ſeules preuves poſitives de votre ſyſtême.

Le premier, c'eſt la matière vitreuſe
ou vitrifiable que vous reconnoiſſez par-
tout pour être originairement la ſubſtance même du ſoleil ; matière qui fait,
dites-vous, le noyau ou la roche in-
terne de notre globe ; qui, en ſe figeant,
a formé par ſes bourſouflures les plus
hautes chaînes des montagnes ; qui ſe
montre encore à nud ſur les ſommités
que les eaux n'ont pu ni couvrir ni
renverſer ; & qui, ſur tout le reſte de
l'enveloppe de la terre, ne ſe trouve
que par blocs arrachés de ces montagnes, ou par débris entaſſés & ſouvent
confondus avec tous les produits calcaires de la mer, qui, ſelon vous, n'eſt
que l'atmoſphere condenſée du même
ſoleil & de la même matière primitive.

Il n'y a rien de plus beau & de plus
ſéduiſant que cette idée, ſi ce n'eſt l'art
avec lequel vous la développez. Mais
le rocher qui couronne les plus hautes

montagnes n'en eft à mes yeux ni une
preuve, ni un témoin. Je ne puis le
reconnoître ni pour une corne immédiate, homogêne & adhérente au noyau
de la terre, ni pour un échantillon de
la même matière qui étoit autrefois liquide dans le foleil, quand même je
vous accorderois, fans en être certain,
qu'il eft de pierre vitrifiable par-tout &
à compter de 2000 toifes au-deffus de
la mer.

Premièrement ces rochers n'ont verticalement ni une homogénéité auffi continue, ni une racine auffi profonde que
vous le croyez. J'affurerai, fans cependant employer d'autre autorité que celle
de mes propres yeux, que les granits
immenfes du Cantal en Auvergne, (qui,
par parenthéfe, forment des plaines trop
vaftes & trop bien dreffées pour être
les anfractuofités & les bourfouflures d'une
croute matrice que vous ne pourriez
guere fuppofer à moins de 6 mille toifes
au-deffous,) que ces granits, dis-je,
portent directement, quelques-uns fur
un lit de gros gravier mêlé de galet marin
ou fluvial, & par conféquent plus an-

cien qu'eux, quoiqu'il ait été visiblement le jouet des flots, D'autres font
affis fur des bancs d'argile & de fchift
prefqu'au niveau & de part & d'autre
des rivières de l'Allier & de la Dor-
dogne. Le plus grand nombre à la vérité traverfe encore tout l'encuvement
de ces rivières & de ces précipices fur
une épaiffeur inconnue, mais que je fuis
bien éloigné de croire illimitée comme
vous, puifqu'il a fuffi de la percer de
30 pieds de profondeur au-deffous de
l'Allier pour trouver des filons de charbon foffile dans une mine de fchift ou
de fauffe ardoife qui bien certainement
faifoit interruption entre la prétendue
corne & fon noyau.

Secondement, ils ne font pas un
échantillon de la matière fondue autrefois dans le foleil; il fuffit de les obferver.
Ce n'eft qu'un fimple aggrégat, une
glomération de quartz, de cryftaux &
de pyrites, qui dans l'Auvergne eft très-
imparfaite, fouvent même en pouffière
faute d'avoir été recouverte d'aucune
terre ni lapédifique, ni même végétale ;
mais qui dans les Vofges moins chenues

a reçu une concrétion, une pétrification complette & susceptible du poli; (*) & à la faveur de ce poli il est impossible de n'y pas reconnoître une infinité de petits coquillages, d'espèces qui paroissent à la vérité particulières, mais qu'on ne prendra pas sans doute pour des habitans du soleil. Ce n'est pas tout, ces rochers solaires, malgré l'inclination & le culbutis que présentent sur-tout les parties supérieures, sont, au moins dans leur masse, stratifiés comme les pierres terrestres que les eaux ont arrangées; leur coupe n'est pas même exempte de

(*) Observons que celles de ces pierres qui méritent d'être travaillées ne sont que des blocs qui ont été détachés, entraînés assez loin de leur masse, & recouverts ensuite de bonnes terres. C'est-à-dire que la matière pure du soleil, dont à mon avis le diamant lui-même ne pourroit souffrir la comparaison, vous voulez que je la reconnoisse ici bas dans une pierre qui loin d'avoir aucune des qualités dignes de son origine ne vaudroit pas même les plus communes, si elle n'avoit subi quelques accidens terrestres.

ces zones ondulées que nous attribuons
à la même cause. Enfin, ils dégénerent
tant en en haut qu'en en bas, à compter
du banc où la pétrification est la plus parfaite, au point que le sommet est toujours friable & inutile ; le bas toujours
plus tendre, méconnoissable de couleur
& de grain, & quelquefois si différent
de nature que j'en ai fait une espèce
de plâtre ou de chaux en Auvergne. Il
ne faut pas me dire que j'ai pris ici
un appendice de la masse graniteuse pour
la masse même ; j'attachois trop d'im-
portance à cette observation pour né-
gliger d'assurer le fait. L'erreur que je
puis faire, & que j'ai soupçonnée sur
le lieu même, mais sans pouvoir la vérifier, c'est qu'il y avoit sans doute au-
dessus de moi un passage tranché entre
les bancs vitrifiables & les bancs calcaires, & non pas une dégradation in-
sensible de l'une à l'autre espèce, comme
l'on pourroit l'inférer de ce que je viens
de dire. Toujours seroit-ce une preuve
bien forte pour le Paragraphe précédent,
si ce n'en est pas une pour celui-ci.

En un mot, le Mont-Jura, qui est

auſſi élevé que le Cantal, & preſque
autant que les grandes Voſges, a ſûrement une pareille origine, d'autant
qu'il offre la même forme extérieure
& abſolument la même conſtitution en
général. L'on n'y découvre ni plus ni
moins ſouvent les lits de gravier, d'argile & même de glaiſe qui portent la
baſe des monts de roche, mais qui ſouvent ſont portés eux-mêmes par d'autres
bancs de pierre ou de tuf qui font
quelquefois le fond des rivières. Tout
enfin y eſt parfaitement ſemblable, ſi
ce n'eſt que toute la pierre y eſt calcaire en général du ſommet au fond
des abymes, & depuis le Rhône juſqu'au Rhin. En faut-il davantage pour
nous démontrer que tout eſt ici l'ouvrage des eaux, & que tout eſt calcaire plus ou moins, excepté le ſommet
de quelques montagnes qui a été dénaturé par le laps des temps, & qui
a pu l'être encore par d'autres cauſes
accidentelles qu'il ſeroit aiſé d'indiquer.;
car vous paroiſſez vous-même perſuadé,
auſſi bien que moi, que ce n'eſt pas
par eſſence, mais par accident que le

genre vitrifiable & le genre calcaire différent au point d'en impofer à tout le monde.

Le fecond fait que vous nous donnez comme une preuve de l'ignition générale & primitive de la terre, c'eft l'exiftence d'un feu central, qui, felon vous, ne peut qu'en être un refte languiffant, & qui par de très-fpécieufes inductions vous paroît avoir été bien plus grand autrefois, l'être moins aujourd'hui que jamais, & s'épuifer de plus en plus. Voilà votre opinion favorite & première, celle qui paroît avoir été la caufe & la bafe de tout votre fyftême. Elle plaît auffi à tout le monde, & elle feroit entièrement fatisfaifante, fi elle ne fuppofoit pas des faits impoffibles, comme je crois l'avoir montré ci-devant; fi du moins la néceffité & les preuves en étoient auffi bien établies que vous le croyez.

Mais fi cette ignition originelle eft néceffaire, ce n'eft fûrement pas pour opérer ni pour expliquer la chaleur actuelle & l'efpèce d'animalité que j'admets avec vous dans la terre. Aucun Phyficien ne refufera de reconnoître comme caufes fuffifantes de ces deux effets le mouvement, la rotation, & fur-tout cette action & cette réaction continuelles entre toutes les parties de la matière depuis qu'elles changent à chaque inftant de pofition refpective; car je conviens que fans ce mouvement général cette action réciproque feroit au contraire la caufe d'un repos & d'un froid abfolu. Mais tout Phyficien n'accordera pas volontiers à un globe de fonte ou de verre re-froidi la faculté de s'organifer d'une manière propre aux phénomenes de la vitalité.

Si cette ignition peut être prouvée, ce n'eft pas par la décroiffance du feu central, puifque ce feu, diftingué de la chaleur effentielle & conftante dont je viens de parler, eft auffi problématique que fa décroiffance, & que fi l'un & l'autre exiftent l'on peut en indiquer des caufes bien plus fimples. Quelques nombreufes & quelques impofantes que foient tant vos conjectures que vos preuves à cet égard, je ne vous crois point obligé d'aller chercher fi loin la raifon de ces grandes efpèces d'animaux
qui

qui ont exifté & difparu, dites - vous, avec le degré de chaleur qu'exigeoient ces grandes ftatures; ni fondé à faire d'une pareille conjecture la preuve du fait en queftion : d'ailleurs, fi cette raifon étoit bonne pour les animaux terreftres, dont les plus grands fe trouvent à la vérité près de la zone torride, (*) elle ne vaudroit pas pour les animaux marins, dont la décadence eft la mieux atteftée, & dont cependant les plus grandes efpèces habitent aujourd'hui la zone glaciale.

L'extenfion progreffive des glaces n'eft pas un argument plus décifif. Elle me paroît être la caufe autant que la preuve du froid que l'on éprouve à la furface de la terre; mais elle n'eft ni l'un ni l'autre à l'égard de la température du centre, à moins que vous n'accufiez

---

(*) J'entends les grandes efpèces, comme les éléphans, les chameaux, &c. qui n'habitent effectivement que là ; car, quant aux animaux en général, il femble au contraire que les individus y foient plus petits qu'ailleurs.

B

cette même température centrale de la
première glace qui s'eft formée fur les
montagnes ; vous fentez que fi cette première congelation s'eft faite par une
autre caufe indépendante & extérieure,
comme vous l'avouez, vous ne pouvez
plus en attribuer exclufivement les progrès ni à une caufe centrale quelcon-
que, ni même à cette autre caufe véritable
& extérieure ; puifqu'il fuffit de cette
première glace & de fa préfence feule
pour créer un nouveau froid local qui
combattra & repouffera la chaleur am-
biante de plus en plus, fi un phénomene nouveau ne s'y oppofe. C'eft le
cas où néceffairement l'effet devient
caufe à fon tour.

J'aurois encore, Monfieur, bien des
doutes à vous expofer, tant fur le fond,
que fur les détails de votre théorie ;
mais il eft fi aifé de faire des objections que vous avez prévues pour la
plupart, fi injufte de chercher à détruire
lorfqu'on ne s'engage pas à remplacer,
& d'ailleurs fi lâche d'attaquer en reftant toujours foi-même hors de prife,
que je dois vous déclarer mon fenti-

ment, au moins fur les articles principaux que je viens de combattre; tant
pour montrer que ma critique eft de
bonne foi, peut-être même digne de
vos leçons & de vos exemples, que pour
achever auffi, en développant mes propres idées, d'indiquer ce que je trouve
encore fujet à difficulté dans les vôtres.

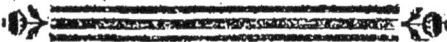

J'ADOPTEROIS comme affez probable la caufe naturelle ou prédeftinée
que vous donnez à la naiffance des
planetes; mais évitant les invraifem-
blances qu'on vient de lire, j'ajouterois
beaucoup, ce femble, à l'éclat & à la
folemnité de ce prodige, en le préfentant
d'après les feules lumiéres phyfiques &
naturelles tel que vous allez le voir.

LA MATIERE repofoit en maffe
inerte, froide & obfcure. Tout-à-coup elle
fut frappée par une force (*) qui fépara

(*) Je ne dis pas par quel corps, d'abord,
parce que je n'en fçais rien; enfuite parce
que fans doute il faudroit dire encore d'où il

B 2

& enleva plufieurs parcelles. Les unes
furent poufſées affez directement & pa-
vallelement ; ce ſont les planetes qui mar-
cherent prefqu'enfemble, mais ſous différente amplitude de projection ; plus
petite pour celles qui ayant reçu le
choc immédiat l'ont communiqué à d'autres en ſe briſant ; plus grande pour celles-
ci qui ayant ainſi reçu de nouvelles im-
pulſions par différents points & contre-
coups à la fois ont pu conferver leur
volume & obtenir plus de vîteſſe. De
ces contre-coups ſans doute ſont ſortis
des fragmens du deuxième ordre avec
un mouvement additionnel & de ré-
flexion, qui, les laiſſant en proie à l'at-

---

venoit à ſon tour, & remonter ainſi non-
feulement à perte de vue, mais encore à
perte d'imagination. D'ailleurs, s'il eſt per-
mis au Phyſicien de traiter cette matière, ce
n'eſt qu'à condition qu'il s'arrêtera aux objets,
aux principes & aux bornes de ſa ſcience,
fans créer d'autres êtres ou d'autres cauſes ;
fans s'ingérer ſur tout, ni de contredire, ni
même de confirmer ou vérifier ce qui tient
à la Toute-puiſſance & à la ſageſſe infinie de
l'Etre Suprême.

traction des premiers, les a obligés de
subir la loi du plus prochain ou du plus
fort, & de groſſir ſon volume ou ſon
cortége comme font les ſatellites. (*)

(*) Ces ſatellites, pour le dire en paſſant
ne doivent par cette raiſon avoir aucun mouvement de rotation. La lune, quoiqu'on en
diſe, n'en a pas davantage & n'en a pas
d'autre que la pierre qui circule garotée au
au bout de la fronde, & qui ne pourroit
tourner ſur elle-même qu'en plotonnant ſa
corde. Si l'on y fait bien attention, l'on
verra que pour ſoutenir le contraire il faut
confondre & identifier la rotation & la cir-
convolution de manière à déclarer celle-ci
impoſſible ſans l'autre; ou ſi l'on voit dans
la lune ces deux mouvemens ſéparés & produits par deux cauſes différentes, comme
dans les planetes, on doit convenir que le
concert de ces deux cauſes & la ſimultanéité
éternelle de leurs effets ſont un prodige de
fortuité qui ſort de la nature & qui confond
l'imagination; on doit encore avouer que
cette prétendue rotation de la lune dont
l'apparence n'eſt que pour les étoiles fixes
qui n'ont rien de commun avec elle, ne pourroit pas ceſſer un ſeul moment ſans qu'elle
commençât dès-lors à être très-viſible à nos
yeux, & très-réelle pour la terre qui eſt le
ſeul but, le centre unique & l'univers entier

D'autres portions ayant été frappées de côté par le premier choc, & chaffées trop obliquement entr'elles & avec les premières, paroiffent être fans fociété & vagabondes fous le nom de comete. La maffe qui n'étoit pas pour cela diminuée fenfiblement n'a pu être froiffée de cette

---

à l'égard de la lune : enfin il faut dire que la lune a donc une rotation vuë des fixes; qu'elle en a encore une autre bien différente vue du foleil, & qu'elle n'en a plus du tout vue de la terre qui eft le foyer de fon orbite. Elle tient en effet à ce foyer, non par fon centre feul, comme tous les aftres qui tournent fur eux-mêmes; mais par un de fes diamêtres, inflexible & conftant, dont les deux points extrêmes, l'un toujours fupérieur, l'autre toujours inférieur, ont par conféquent chacun fon orbite particulière, chacun fa vîteffe différente : & vous appellerez cela rotation! Il ne faut donc plus la définir; un mouvement qui imprime à tous les points de l'équateur une vîteffe égale autour de leur centre *commun*, & à tous ceux de chacun des cercles paralleles une vîteffe égale auffi autour de l'axe *du corps*; car fi la lune a un axe de rotation, vous conviendrez que c'eft hors d'elle & loin d'elle qu'il faut le chercher.

violence fans recevoir auffi comme toutes
les parcelles deux mouvemens à la fois;
l'un de rotation fur elle-même, l'autre
de progreffion latérale. Ce déplacement
força donc auffi-tôt à décliner de la ligne
droite toutes les autres projections, qui
fe courberent d'abord en paraboles, puis
en hyperboles, & bientôt après en el-
lipfes, lorfque la maffe fe trouvant de-
vancée, enfuite enveloppée par la vîteffe
beaucoup plus grande des orbites inférieures, fut obligée de rétrograder, de
courber elle-même en fpirale rentrante,
& de fe balancer ainfi jufqu'à l'époque qu'il feroit poffible de calculer,
où le fyftême planétaire, après quelques
révolutions, a obtenu l'ordre & l'équi-
libre admirables que nous lui voyons. (*)
Mais cette maffe originelle n'avoit pas
tant tardé à s'échauffer & à s'enflam-

(*) Il eft aifé d'expliquer par-là la grande
excentricité de l'orbite des cometes, qui
ayant marché fur des directions & avec des
vîteffes toutes différentes, n'ont point eu
d'action combinée fur leur centre commun;
& qui s'en revenant après leur première force
épuifée prefque par le même chemin, l'ont

mer, tant par la violence d'une première percuſſion, que par la rapidité
de tous les corps & de tous les mouvemens qui rouloient ſur ſon centre.
Ainſi elle devint bientôt radieuſe. Ainſi
la matière, le mouvement, le feu, la
lumière, le ſoleil & les aſtres qui lui
appartiennent, tout parut créé à la fois.
Ainſi ſans doute d'autres évènemens pareils, & d'autres mondes nouveaux, nous
ſont annoncés de temps en temps par
l'apparition ſubite de nouvelles étoiles
qu'on ne connoiſſoit pas.

Cette autre hypothéſe eſt auſſi belle
qu'elle eſt ſimple ; elle peut être avouée
même par ces Philoſophes dont l'eſprit
eſt aſſez timoré pour ne vouloir pas
admettre avec vous ni la préexiſtence
de la lumière, ni une ſi grande antériorité de la formation de la terre à
ſon habitation. Si j'avois du temps, avec
le génie & la ſcience qui brillent en
vous, je pourrois, ce ſemble, la com-

---

retrouvé déjà fixé preſqu'à la même place où
elles l'avoient quitté, & ont acquis en s'en
approchant une nouvelle force pour s'en éloigner encore.

pletter & la développer de manière à
la rendre très-fatisfaifante pour vous-
même. Ce ne feroit, à la vérité,
qu'en empruntant de vous mille defcrip-
tions & obfervations, que je chercherois
d'autant moins à fuppléer, qu'elles me
paroiffent non-feulement excellentes &
fublimes, mais faites uniquement pour
ou d'après mon fyftême. Je n'ai pas
befoin de vous indiquer toutes celles
dont je puis me prévaloir, ni les raifons qui font en ma faveur parmi celles
que je vous ai oppofées; il me fuffira
de répondre à quelques queftions principales que vous avez droit de me faire.

I. QUELLE eft donc, direz-vous, cette
matière primitive & commune? Qu'eft-
elle devenue? Vous fçavez combien le
champ eft vafte à cet égard, & combien néanmoins la réponfe eft épineufe.
Mais pour me rapprocher de vous, je
puis m'en tenir, ce femble, à dire auffi
comme vous que cette matière, fans
la nommer, eft aifée à reconnoître, fi
ce n'eft dans le noyau ou dans la roche
intérieure de la terre qui eft invifible pour

B 5

nous, au moins dans ſes plus grandes
aſpérités, que je pourrois, avec plus de
fondement que vous, appeller alors ſes
cornes ou carnes, & qui ſe montrent
encore à découvert en maſſes non pas
de granits, car celles-là ſont accidentelles, mais de pierre en général ſur le
ſommet des montagnes qui ont pu ſur-
monter la hauteur ou la fureur des flots.
Du reſte, je puis également adopter
preſque tout ce que vous dites de l'enveloppe qui recouvre cette roche par-
tout ailleurs.

II. CES cornes, ajouterez-vous, ſont
admiſſibles dans mon hypothéſe comme
de petites inégalités ſur une croute déjà
ſphérique; mais comment d'un fragment
qui étoit, & qui ſans doute eſt reſté ſo-
lide & cornu, auroit-il pu réſulter un globe?
Une première réponſe c'eſt qu'il s'en
faut bien que je regarde avec vous ces
ſommets de montagnes comme les bornes
de l'ancien empire de la mer. Je ſuis
au contraire très-perſuadé que le plus
haut de tous, fut-il de 4000 toiſes,
étoit encore plus élevé; qu'il a été ſappé

& déchiré par les eaux, & u'il en
porte encore des marques inconteſtables.
Je dirai donc qu'après les effets du
choc, du frottement, de la rotation &
de la force centripéte ſur ce corps
qui n'étoit pas d'ailleurs ſans quelque
ductilité ; les plus grandes pointes reſtantes
ont été détruites par les eaux, comme
nous les voyons, & leurs baſes encom-
brées, comme vous le développez &
vous le démontrez mieux que je ne
pourrois faire.

Une autre réponſe, qui à la vérité
eſt mauvaiſe, c'eſt que vous auriez
beſoin vous-même d'expliquer au contraire comment un globe de verre parfait a pu devenir un corps auſſi irrégulier que paroît l'être, & ſur-tout
l'avoir été notre prétendue roche terreſtre. Meſurez d'abord la hauteur de
ce petit nombre de montagnes ſur leſ-
quelles nous diſons, vous & moi, qu'elle
ſe montre ; meſurons enſuite la profondeur & l'étendue des mers au-deſſous
deſquelles on la cherche & on la cher-
cheroit ſans doute en vain ; les vaſtes
continens où l'on voit une infinité

d'autres écueils antiques que la mer a aussi respectés, quoique tous soient d'une autre espèce de rochers plus bas, plus tendres & plus mal fondés; enfin les mines & les puits les plus profonds qui jamais n'ont pu éventer cette roche éternelle; vous admirez sûrement qu'il ne nous en reste vestige & notion nulle part ailleurs qu'à la plus grande distance de son centre; & vous conviendrez ou que sa déformation est trop grande pour que l'on puisse l'attribuer à de simples crevasses & boursouflures, ou qu'il n'y a pas de corps si irrégulier qu'il soit, qui n'ait pu servir comme elle de carcasse & de mandrin à un modéle de globe que les eaux auroient ensuite couvert & travaillé pendant autant de milliers d'années que vous le dites sans l'avoir achevé; car tout atteste que sa partie terreuse s'est arrondie considérablement encore depuis que ce grand agent a cessé, & qu'elle continue par d'autres causes naturelles de tendre à cette même forme qu'elle avoit parfaitement, selon vous, dès le commencement; cela est bien difficile à accorder.

III. MAIS où trouverai-je de l'eau &
sur-tout assez d'eau pour satisfaire à cette
hypothése qui en exige, ce semble,
encore plus que la vôtre?

Voilà la grande difficulté qui paroît
avoir rebuté ou au moins fait chanceler
tous les Auteurs qui ont marché avant
vous dans cette carrière. Mais je vous
avoue que cela m'étonne, & que je n'ai
jamais conçu ni leur embarras, ni les
chicanes qu'ils ont essuyées à ce sujet.
Quoi donc! on leur accorde à tous,
& sans la moindre difficulté, la suppo-
sition de la matière première, même
du feu, comme déja existans; & après
cela l'on exigera d'eux, & ils se croiront
eux mêmes obligés de créer de l'eau en
telle quantité; au moins de montrer où
& comment ils ont trouvé cette eau,
qui n'est visiblement qu'une matière
fondue! Cela prouve combien vous avez
raison de dire que les oreilles sont
encore loin d'être ouvertes au langage
de la nature. Quelle seroit donc cette
matière primitive & planétaire, si ce
n'est pas aussi celle qui constitue actuellement la terre? & en quel état fau-

droit-il donc fuppofer la maffe générale
de celle-ci pour ne pas admettre l'eau
comme étant au moins l'un de fes com-
pofans effentiels, & comme faifant au
moins la millième partie de fon volume total? ce qui fuffiroit prefque
pour expliquer tout ce qu'on a coutume
d'attribuer à cet élément.

Je ne vous déguiferai pas, Monfieur,
que vous me paroiffez vous-même avoir
trop cédé à cette difficulté, & que pour
avoir cherché à la réfoudre de la manière la plus heureufe & la plus ap-
plaudie, vous n'avez fait que la rendre
très-réelle de chimérique qu'elle étoit.
Rien n'eft plus fimple ni plus vrai que
de donner pour aqueufe l'atmofphere
actuelle de la terre, pour bien plus
aqueufe encore celle de ces planetes
errantes qui, paffant dans un état de
glace les trois quarts du temps de leur
révolution, n'approchent du foleil que
pour être toutes en ébulition & en
fumée; ce font là, je l'avoue avec
tout le monde, des magafins d'eau bien
confidérables. Mais tout le monde fe
trompe, fi de ces atmofpheres il pré-

tend conclure quelque chofe pour celle
d'un foleil que la bonne Phyfique ne
peut nous repréfenter ni en ébulition,
ni même en fufion ; qui doit être le
feu pur plutôt qu'une matière enflam-
mée ; qui du moins ne peut être
qu'une vitrification abfolument déflegmée,
dont toutes les émanations font ignées
& lancées jufqu'aux extrêmités de l'efpace
où elles ne parviendroient jamais, fi
elles avoient ce que nous appellons des
vapeurs à froiffer & à traverfer ; dont enfin l'atmofphere aqueufe, s'il en avoit une
de cette efpèce, comme vous vous efforcez
de le prouver, n'auroit jamais pu en
être féparée en quantité fuffifante pour
les phénomenes de la terre, par cette
efpèce de boulet qui n'auroit fait que
la traverfer en partie.

Quoique vous ayez reftreint autant
qu'il vous étoit poffible, & beaucoup
trop à mon avis, non-feulement la hauteur & le volume, mais encore le féjour
& le travail des eaux qui ont couvert
la terre, vous en avez certainement
employé beaucoup plus encore que l'atmofphere du foleil n'eft capable d'en

fournir & d'en laisser échapper de cette
maniére. Car enfin, si le soleil a perdu
une partie de sa masse même, c'est
par une force que l'ont conçoit étrangère & victorieuse ; mais une partie de
sa subtile atmosphere, il n'auroit pu
en être dépouillé que par une attraction plus forte que la sienne, & c'est
ce qu'on ne concevroit pas. Ainsi la
terre au lieu d'être, comme elle est
évidemment le séjour & l'ouvrage des
eaux, seroit encore aujourd'hui telle que
vous la faites naître, un globe de verre
aride & presque indestructible.

Je puis donc pour mon compte répondre tout simplement que l'eau a dû
faire une partie de la matière même
plus que suffisante pour avec l'effet du
choc, du mouvement, de la chaleur
qui en est l'effet nécessaire, & des loix
de la gravité, se séparer du restant &
surnager d'un millième, d'un centiéme,
peut-être d'un dixième & plus du rayon
de la masse qui n'a pas tardé par conséquent à devenir un globe tel que
l'exigeoit la loi des forces centrales.
Convenez que cela est aussi simple que

conséquent, & qu'il n'y a pas là comme
chez vous de pléonafme phyfique ; deux
caufes employées à même fin, la li-
quéfaction & l'inondation, toutes deux
également propres à former feule & fé-
parément un fphéroïde parfait, mais
toutes deux travaillant à l'envi & fucceffivement, la feconde pour commencer par contredire & défigurer ce que
la première avoit fait, & pour finir
fans même l'avoir réparé.

IV. Vous me demanderez à plus forte
raifon d'où je tire le feu qui a été &
qui eft encore néceffaire pour animer
ma matière froide & inerte ? Je ne balance pas à répondre que je le tire de
tout, de l'eau même, & que c'eft vous
qui me le donnez en m'accordant le
mouvement. Quoi, vous enfeignez que
le roulement des planetes & du foleil
fuffit pour opérer dans celui-ci un feu
d'une violence inexprimable, & vous
refuferiez à la terre qui fait plus de
vingt-deux mille lieues de chemin par
heure, qui tourne fur elle-même vingt-
cinq fois plus vîte que le foleil, qui
porte fa part du monde planétaire, &

en outre un fatellite tout entier faifant
fa révolution dans chaque mois; vous
lui refuferiez, dis-je, de poffeder à ces
titres-feuls une chaleur propre & telle.
ment tempérée, qu'elle n'eft pas même
connue ni avouée de tout le monde!
& pour qu'elle en ait une pareille aujourd'hui, il faudroit, felon vous, qu'elle
en eût autrefois emprunté une exceffive & qu'elle l'eût confervée depuis
foixante-dix mille ans! Vous ne tiendriez fûrement pas à ce point particulier de votre fyftême, s'il n'en étoit
pas une des colonnes principales.

La plus forte de vos preuves c'eft
certainement l'afcenfion du thermomêtre
à proportion qu'on le defcend dans l'intérieur de la terre. Mais fi cela étoit
autrement, quel Phyficien ne feroit pas
étonné de le voir defcendre auffi-tôt
qu'on l'éleve dans l'air? Qui eft-ce
qui n'eft pas convaincu que la chaleur
étant effentielle aux corps agités, &
proportionnelle non-feulement à leur
mouvement propre, mais encore à la
gravitation tant active que paffive dont
ils font animés, doit être plus grande

au centre; & que le froid étant au contraire l'effence même de l'efpace qui qui environne tous les corps, contrarie inceffamment la chaleur de la terre, & l'atténue de proche en proche depuis les extrêmités de fon atmofphere jufques bien avant dans fa maffe?

Si cette chaleur étoit étrangère & empruntée depuis foixante-dix mille ans, comme vous le dites; fi elle n'étoit pas au contraire inhérente, animale & conftante, comme le mouvement qui la produit, toujours également réfiftante au froid qui l'attaque fans ceffe, & toujours renaiffante après les affauts & les victoires périodiques de l'hiver, croyez-vous de bonne foi qu'il pourroit en refter aujourd'hui quelque chofe à la furface de la terre, fur ce théâtre d'un combat continuel entre deux forces, l'une éternelle & infinie, l'autre précaire & décroiffante? Croyez-vous du moins que celle-ci pût être encore fenfible dans l'atmofphere qui n'a prefque rien de commun avec le globe, fi ce n'eft le mouvement, c'eft-à-dire une autre caufe permanente d'une autre chaleur toujours nouvelle?

Mais je n'en fuis pas quitte. Vous nous forcez, & j'étois porté d'avance à reconnoître comme vous non-feulement l'exiftence d'une chaleur terreftre, mais encore fa diminution fenfible en nombre d'endroits. Or, je dois être embarraffé pour expliquer ce refroidiffement. Point du tout; je le fais naturellement & fans fuppofitions extraordinaires. Nous convenons de part & d'autre que l'atmofphere porte fur la furface de la mer par couches & par régions de plus froide en plus froide jufqu'à la plus haute, & que la mer néanmoins a baiffé fucceffivement de deux mille toifes; par conféquent que l'atmofphere a fouffert la même dépreffion; & que les pays les plus élevés, qui fans doute ont été habités les premiers, fe trouvent par-là dans une autre région de l'air & dans une température fi froide qu'elle eft devenue inhabitable. Or, j'ajoute que par cette feule raifon, & nonobftant toute chaleur centrale, il s'y eft néceffairement formé des glacières, & qu'une fois établies elles font devenues elles-mêmes un centre de nouvelle froidure qui doit étendre invinciblement auſſi leurs maſſes & leurs influences de plus en plus. Cela ne doit-il pas ſuffire?

Si donc on me dit encore que la glace, la neige & le froid augmentent ſur les montagnes depuis que la mer ne baiſſe plus, je puis nier ou accorder ſans nuire à ma cauſe. Mais ſi l'on me prouve que le froid augmente réellement & par tout plus que la mer ne diminue; que les mers polaires ſe glacent de plus en plus ſans que l'atmoſphere ait paru changer de hauteur à leur égard; enfin qu'il faut admettre une décroiſſance réelle & générale de chaleur terreſtre; je veux bien ne pas imputer ce déchet à la décrépitude du ſoleil ou de la nature entière, pour ne pas choquer encore l'opinion trop accréditée de la pérennité de ces êtres. Aux cauſes que j'ai données ci-deſſus d'une chaleur propre, neceſſaire & conſtante, j'ajouterai donc le premier choc violent que la terre a reçu à ſa naiſſance, & j'aurai ſûrement auſſi bien que vous la cauſe d'une autre chaleur, grande, mais accidentelle & décroiſſante, qui à la vérité ne sera pas comparable d'intensité ni de durée à celle que vous faites résulter d'une incandescence totale, mais qui en revanche me permettra de rabattre les quarante mille ans de votre période qu'il a fallu uniquement pour évaporer cette chaleur superflue au point de la rendre tolérable, & qui certainement pouvoient être mieux employés. (*)

V. Vous persistez sans doute en disant que sans cette chaleur générale, & encore terrible même avant & pendant l'inondation, je ne pourrai jamais expliquer les grandes inégalités, les cavités, les éminences, enfin la forme ex-

---

(*) Je crois, Monsieur, que vous auriez vous-même économisé une grande partie de ce long espace de temps perdu pour la nature ouvrière, si vous n'aviez pas conclu d'un boulet qui se refroidit en repos dans une température comme la nôtre, à un corps d'une densité inconnue qui parcourt les espaces glacés avec tant de vîtesse, & qui tourne en outre sur lui-même avec une rapidité capable de dissiper & de disperser jusqu'a sa substance, & à plus forte raison sa chaleur empruntée.

térieure de la terre. J'avoue que cela
fera difficile non-feulement à moi, mais
à tout autre, puifque ce moyen, tout
puiffant qu'il eft, ne vous fuffit pas à
vous-même. Convenez que c'eft l'article
de votre théorie, dont intérieurement
vous êtes le moins fatisfait, que ces
cornes natives font auffi gratuites & auffi
invraifemblables chez vous que chez moi;
que vous avez cru mal-à-propos en trouver une preuve parlante fur le fommet
des Vofges, (pour ne donner qu'un
exemple voifin de nous); que tout près
delà je vous donne une preuve abfolument contraire dans le Mont-Jura; que
ces deux monts, & tous ceux qui leur
reffemblent à l'un ou à l'autre, ont une
origine, une première caufe commune,
ou femblable, mettant à part les accidens poftérieurs; & que cette caufe ne
peut être ni la déflagration que vous
avez affignée comme l'agent unique de
ces effets, ni même, quand vous vou-
driez y recourir, une inondation auffi
baffe, auffi turbulente & auffi paffagère
que vous le dites, & qu'elle auroit dû
l'être effectivement dans votre hypothéfe:

puifque à côté de ces maffes, que vous
faites d'origine folaire & foulevées brufquement par le feu aux approches d'une
mer bouillante, vous en voyez d'autres
de même forme & de même hauteur,
qui font évidemment l'ouvrage d'un grand
nombre de fiécles fous une mer tranquille
& déjà peuplée d'animaux.

Vous direz peut-être, Monfieur, que
prefque toutes ces réponfes ne font que
des parodies relatives à votre fyftême;
qu'elles ne font point pofitives; & que
pour qu'elles le fuffent, il auroit fallu
pouffer plus avant l'efquiffe que j'ai com-
mencée de la formation de la terre,
& fur-tout répondre plus pofitivement à
la première queftion fur le premier état
de la matière planétaire. Je le fens bien,
& j'en conviendrai. Mais il me femble
que vous exigeriez pour moi plus que
vous n'avez cru néceffaire pour vous-
même. Vous avez dit fimplement que
la matière étoit fondue; j'ai dit de mon
côté qu'elle étoit humide. Je crois que
c'eft avoir parlé auffi clairement & auffi
pofitivement l'un que l'autre; & qu'il
y auroit eu de la témérité à vous, & bien
plus

plus à moi d'en dire davantage ; de définir ce que c'étoit que cette matière
fondue dans le soleil, ce que c'étoit que
cette matière humide dans le cahos. Cependant puisque vous le voulez, & que
je ne puis me faire entendre sans cela,
voici mon opinion en attendant la vôtre
sur ce point critique & fondamental.

Cette masse inerte & froide d'où j'ai
tiré le monde planétaire, devoit être la
matière la plus générale que nous con-
noissions aujourd'hui, la plus simple &
la plus propre à prendre par l'interméde
du feu & par la succession des temps tous
les états, toutes les formes qui existent
dans la nature. Or, il suffit d'accorder
ce principe pour être forcé de conclure
avec moi que cette matière ne peut être
que l'eau, & ne pouvoit être alors que
de la glace.

A ce propos l'on s'écriera sans doute :
voilà donc encore cette rêverie qui a déjà
paru, mais qui heureusement n'a pas fait
fortune ! Oui. Je le sçais ; je sçais aussi
que cette idée a été donnée & reçue de
manière à prêter beaucoup au ridicule ;
mais je ne sçache pas qu'elle ait été ni

C

combattue, ni même difcutée férieufement. Je fuis fûr au contraire que ce
n'eft pas à vous, Monfieur, qu'elle paroîtra indigne d'attention telle que je vais
la donner ici. Il n'y a que le vulgaire
qui puiffe diftinguer l'eau de la matière
terreftre en général, pour en faire un être
féparé ; & je vous avoue qu'après vous
avoir accordé avec plaifir & avec con-
viction une efpèce de vie propre & particulière à la terre, je vous le refuferois
abfolument, fi vous refufiez vous-même
de reconnoître avec moi que l'eau eft ici
par rapport à cette vie, & dans l'analogie
la plus parfaite, ce que le fang eft dans
les animaux. J'en pourrois donner un
parallele auffi curieux que frappant. Je le
fupprime pour ne point faire ici un vain
article de Phyfiologie : mais il eft très-
effentiel à la thefe préfente d'établir au
moins quelques faits qui feront avoués
du plus grand nombre.

Le fang, s'il n'eft pas le germe même,
eft certainement l'embryon & le fœtus
de l'animal : il eft tout à la fois fa matrice, fon berceau & fa nourriture ; (*)

_____

(*) Un Médecin Philofophe, M. Bordeu,

c'eſt dès le commencement, c'eſt dans
ſa plus grande activité qu'il travaille à en
former toute la ſubſtance, toute la conſtitution depuis le fond des os juſqu'à la
pointe des cheveux : ce n'eſt qu'après
cette première ardeur qu'il en fait la
graiſſe & la fécondité : ceſſant enſuite
d'être aſſez chaud, aſſez abondant pour
accroître ſon ouvrage, il ne fait plus
que l'entretenir, puis le leſſiver, puis le
décharner : bientôt il devient lui - même
impuiſſant & captif là où il avoit regné
ſeul; & il finit enfin par ſe coaguler &
s'oſſifier tout à fait.

Mettez ici la terre à la place de l'animal, & l'eau qui vient de je ne ſçais
où à la place du ſang que je ne connois
pas davantage; vous aurez là l'expoſition
la plus vraie, & en même temps l'explication la plus abrégée que je puiſſe vous
donner de mon ſyſtême ſur la formation
de la terre, ſur ſon état primitif, actuel

dit que *le ſang n'eſt que de la chair liquide*;
& moi préciſément dans le même ſens, &
avec autant de preuves & de raiſons, je dis
ici que *la terre n'eſt que de l'eau ſéche.*

& futur. Qu'on y réfléchiſſe & qu'on
l'examine à fond mieux encore que je
n'ai fait, l'on verra que cette analogie
loin d'être imaginaire ne peut pas être
plus réelle ; & qu'aucune autre opinion ſur
la nature originelle de la terre ne peut
être ni fondée ſur un principe plus philoſophique, ni confirmée par autant de
monumens & d'obſervations.

Effectivement, Monſieur, s'il y a un
ſyſtême préférable à celui-là ce doit être
le vôtre : après avoir lu tous ceux qui
l'ont précédé, j'ai la bonne foi & la va-
nité de convenir que je ne voudrois le
céder qu'à lui. Rappellons-nous donc
ce qui a été dit, & achevons rapidement
une comparaiſon que la ſimple expoſition
de mes idées doit amener tout naturellement.

Je dis que l'eau, la matière la plus
ſimple & la plus générale que nous con-
noiſſions, a reçu preſque en même temps
le mouvement, le feu, la lumière (*) &

_____

(*) L'eau, dira-t-on, devenir le ſujet du
feu & de la lumière ! voilà du nouveau. Soit :
ſuſpendez néanmoins votre jugement, &

la forme de planete ; & que par une
longue combinaifon avec ces autres élémens elle s'eft transformée en tout ce
qui compofe aujourd'hui la terre & fon
atmofphere ; excepté feulement ce qui
en refte encore dans la mer , & qui, quoique fans doute bien déchu de fon état
& de fa fécondité originels, ne laiffe pas
de fubir toujours pareille transformation.
Il eft fûr que dans tout ceci il n'y a
rien qu'on ne m'accorde comme fimple
hypothéfe, fi ce n'eft le dernier article que
j'ai ajouté exprès comme un fait pofitif ; tant parce que je fçais qu'il fera
contefté par le plus grand nombre, fans
que pour cela l'hypothefe ceffe d'être admiffible ; que parce que, s'il eft accordé
ou prouvé, l'hypothefe devient néceffairement la théorie la plus lumineufe & la
plus évidente.

Or que l'eau fe transforme en animaux, en plantes & en mineraux ; qu'elle
devienne de la chair, du bois, de la

---

fongez que ce que vous appellez l'air, ce que
même vous appellez le vuide, peut auffi le
devenir ; bien plus, peut l'être tout-à-coup.

pierre & de la terre qui dans l'état préfent de nature ne rendront jamais ni à la
mer, ni à l'atmofphere, la quantité entière
de l'eau qu'ils en ont tirée; que la mer
foit moins pleine, que la terre foit plus
aride qu'autrefois, ce font des faits qui
ne peuvent être niés que par ceux qui
philofopheroient toujours en pantoufles,
ou toujours échafaudés fur ce prétendu
axiome : *Il n'y a point de création, il
n'y a point non plus d'annihilation.* Ce
feroit bien mal l'entendre, ou bien mal
l'employer que d'en conclure l'immutabi-
lité de l'eau. Pour moi je laiffe comme
trop longues ou trop fubtiles toutes preuves
& toutes difcuffions chymiques fur cette
matière ; & pour abréger encore davantage, j'accorde, fi on le veut, que l'eau
ne fe détruit point; mais je foutiens fort
groffièrement, & je prouverai de même
qu'elle difparoît pour nous. Voici d'abord
un dialogue très-réel à ce fujet dont je
garantis tous les propos & tous les faits
que j'ai préfens depuis vingt ans.

Suivez-moi donc, difois-je, fur ces montagnes & ces colines que nos peres ont
vues jonchées de végétaux : vous y voyez

encore les troncs que la hache y a laiffés,
reftes de très-gros arbres que la nature
feule avoit plantés autrefois; mais vous
n'y trouvez pas un feul baliveau qui
promette de les remplacer malgré tout
l'art que vous avez mis à le planter & à
le cultiver, ici pas un feul arbriffeau, là
pas une plante vivante, pas même de la
terre — Voilà, me répliqua-t-on, la
raifon de tous ces changemens & de cette
aridité apparente; c'eft que la graiffe de
la terre a été emportée par les eaux ora-
geufes — Mais qu'eft-ce que c'eft que
cette graiffe? vous ne répondez pas . . .
Dites au moins ce qu'elle eft devenue?
— Elle a été entraînée dans la mer — Soit,
mais fouvenez-vous de cette réponfe; &
avant de quitter ce lieu dites-moi pourquoi au milieu de ce défert je vois un
fillon tout verdoyant — C'eft qu'il y a
plus haut une fontaine que le fermier a
détournée & conduite ici artificiellement
depuis un an — Quoi, depuis un an cette
fontaine auroit produit de la terre & de
la graiffe, là où il n'y en avoit plus —
Apparemment; & comme il n'y a pas
de doute qu'il ne tombe aujourd'hui fur

C 4

ce canton autant de pluie qu'autrefois, on ne peut attribuer la ſtérilité actuelle qu'à ce que, faute de cette terre qui l'imbiboit & la retenoit à la ſuperficie, elle ſe précipite auſſi-tôt dans les entrailles de la montagne, & ne fait que paſſer des nuages à la rivière — A merveille. Mais depuis que cela ſe paſſe ainſi il n'y a plus d'évaporation; & s'il y a encore autant de pluie toutes les ſources des environs doivent avoir groſſi — Point du tout, reprit-on bonnement; deſcendez & vous verrez le contraire. Voilà la ſource de notre ruiſſeau qui va ſe jetter dans cette rivière. Vous voyez qu'elle eſt foible & prête à tarir. Eh bien, j'ai vu il y a ſoixante ans, lorſqu'il y avoit encore des arbres ſur cette montagne que nous quittons; j'ai vu cette ſource qui en ſort bien certainement, je l'ai vue plus abondante là... cent pas plus loin, & dans cet endroit qui eſt de quatre pieds plus élevé : mais ce que vous ne croiriez peut-être pas, c'eſt qu'autrefois elle étoit bien plus loin encore & ſix fois plus groſſe : car ce maſſif de maçonnerie que vous voyez dans ce champ actuellement labouré eſt encore le reſte d'un moulin qu'elle faiſoit tourner il y a cent ſoixante-dix ans : le titre en eſt encore au Châ-teau : & dans cette Terre ſeule, qui eſt arroſée de ſix ruiſſeaux, je puis vous citer quatre moulins pareils qui n'exiſtent plus que par tradition, dont la ſource s'eſt éloi-gnée de deux & trois cents toiſes & ſeroit inſuffiſante aujourd'hui pour le moindre moulinet — Je le crois ſans peine; cela ne m'étonne point; dans toute la France, dans tout Pays j'en vois & on en dit preſque autant : après cela ne con-viendrez-vous pas que la terre avoit au-trefois une humidité propre & conſidé-rable qu'elle perd de plus en plus; que le regne des eaux ſe paſſe, & que tout tend à l'aridité — Non, j'aime encore mieux croire que les pluies ſont aujour-d'hui moins abondantes; que le ſoleil a ſans doute moins de force pour élever les vapeurs de la mer, ou l'atmoſphere pour les porter; mais que s'il y a moins d'eau habituelle ſur la terre, il en reſte ſûrement d'autant plus dans la mer.

Voilà où l'interlocuteur ſe retranche avec la plupart de ceux qui niant la dé-

C 5

perdition, la tranfmutabilité de l'eau, font néanmoins forcés de convenir qu'elle difparoît de deffus le continent. Et le nombre eft encore grand tant de ceux qui rejettent ce fentiment comme hété-rodoxe, ce qu'ils prouveroient difficile-ment; que de ceux qui nient le fait comme contraire aux expériences & aux loix naturelles, feules autorités que vous & moi reconnoiffions en cette matière, & que j'invoque feules auffi en ce mo-ment.

Il faut donc prouver que l'eau difpa-roît auffi dans la mer. Quoiqu'intime-ment perfuadé de cette vérité depuis longtemps je n'ai pas négligé d'en cher-cher des preuves oculaires & teftimoniales, & je crois être parvenu à en trouver. Je pourrois donner comme telle, & comme une des plus frappantes, le comblement des baies & l'accroiffement prodigieux des bancs de fable pur dans le cours des grandes rivières qui ont inconteftable-ment repouffé leur port, leur embouchure & le rivage tout entier de la mer, jufqu'à quatre ou cinq lieues plus loin qu'ils n'étoient il y a mille ans; mais l'on ne manqueroit pas de me répondre que le baſſin de la mer a gagné ailleurs autant qu'il a perdu ici. Cependant non-ſeulement le contraire eſt bien avéré par l'hiſtoire, par les cartes & les obſervations, qui prouveroient que depuis les temps qui nous ſont bien connus ce baſſin a perdu en ſuperficie mille fois plus qu'il n'a gagné ; mais ce fait que l'on m'oppoſe, s'il étoit vrai, feroit lui-même la meilleure preuve de ma cauſe : car il n'y a point de rivage ni de falaiſe attaqués par la mer qui n'aient au moins 50 toiſes d'élévation ; par conſéquent pour en miner 100 toiſes quarrées, & s'élargir de pateille ſuperficie, il faut néceſſairement que le baſſin s'encombre & que ſa capacité diminue réellement de 5000 toiſes cubes.

C'eſt donc le baiſſement abſolu, actuel & continu de la ſurface de la mer qu'il importe encore d'établir, indépendamment de ſa retraite déjà reconnue & avouée par tout le monde & dans tous les temps. Mais je n'ai pas trouvé à ce ſujet un ſeul fait, un ſeul monument authentiques & plus anciens que le ſiécle : dans les havres que j'ai vus il n'y a ni échelle d'eau, ni repaire bien conftaté, fi ce n'eft depuis peu. Dans tous néanmoins vous entendez les marins dire : voilà un rocher en rade que la baffe mer découvre aujourd'hui, & que nos anciens n'avoient jamais vu à fec : depuis cinquante ans le port de nos bateaux eft diminué de plus de cinquante tonneaux, quoique la barre du chenal foit un banc de roche qui n'a pu s'élever : fur cet autre banc de rocher les chaloupes mouilloient en baffe mer, aujourd'hui elles y échouent : & mille traditions femblables qui ne pourront à la vérité faire preuve que pour celui qui les recevra avec difcernement.

Mais voici du plus pofitif : en 1757, lors du rétabliffement du baffin de Dunkerque, je cherchai des notions à ce fujet : j'interrogeai beaucoup ; & l'Officier du Génie commandant le travail m'affura que la mer avoit baiffé fur le radier de l'ancienne éclufe Vauban, & que, fuivant les papiers de la Place, l'on ne pouvoit pas porter ce baiffement à moins de onze pouces depuis foixante-dix-fept ans ; ce qui feroit un pouce en fept années.

En 1762, vifitant les reftes du fameux
port de Wiffan, qu'on croit avec quelque fondement avoir été celui de Céfar
lors de fon expédition contre l'Angleterre,
& cherchant par le même motif les veftiges enfablés d'un ancien baffin, dont
quelques Hiftoriographes attribuent la
conftruction à Charlemagne, mais qui ne
paroît pas fi ancien, j'ai fait découvrir &
fouiller jufqu'à la fondation de la principale partie reftante du quai. Elle n'avoit
plus que cinq pieds de hauteur ; elle étoit
fondée dans du tuf crétacé avec un em-
patement à la hauteur de ce tuf vierge,
qui, indépendamment des décombres &
des ruines, étoit recouvert de mouffes &
d'algues marines pourries dans une couche
de vafe noire & très-dure. Je ne doutai
pas que ce ne fût là le fond de l'ancien
baffin qui avoit été vifiblement creufé, &
probablement établi de manière à être
mouillé au moins de quelques pouces
lors de la baffe mer : cela a été de tout
temps la condition expreffe & très aifée
à remplir pour tous les ports factices de
l'Océan. Cependant la marée qui ce jour
là étoit de treize pieds & demi à la côte,

ne monta que de trois pieds dans la
fouille & fur le tuf du fond du baffin.
Celui-ci s'eft donc trouvé fupérieur à la
baffe mer de dix pieds & demi ; & en fuppofant, ce qui n'eft point vraifemblable,
qu'il n'ait pas été établi plus bas qu'elle, &
que fa conftruction date déjà de 950 ans,
cela confirmeroit encore l'obfervation faite
à Dunkerque, en prouvant que la mer
feroit defcendue ici conftamment & très-
peu moins d'un pouce tous les fept ans.

J'efpere donc que vous m'accorderez
que le niveau de la mer baiffe fenfiblement aujourd'hui, & indépendamment des
grands changemens qu'il peut avoir fubi
par de grandes & anciennes caufes.(*) Mais
je n'ai pas même befoin de cet aveu : il

(*) Il eft vrai que vous l'avouez en
nombre d'endroits, mais d'une manière équivoque & à faire entendre ou que c'eft bien
plutôt le rivage de la mer qui s'exhauffe ; ou
qu'elle ne quitte jamais une plage que pour en
occuper une autre ; ou enfin qu'elle ne baiffe
de fuperficie que parce qu'elle defcend en même
temps de fond dans les cavernes qui s'écrou-
lent ; ce qui ne pourroit opérer, par des fe-
couffes brufques & très-apparentes, qu'un

fuffit que vous ne puiffiez & ne prétendiez
pas même prouver que ce niveau s'élève,
pour que vous foyiez forcé d'en conclure
avec moi que l'eau de la mer diminue de
volume, & de tout l'encombrement jour-
nalier que fon fond reçoit, 1°. de la vafe
que les fleuves y charient & qui, fans
compter les graviers & les fables pefans
qu'ils dépofent dès l'embouchure là où ils
perdent leur vîteffe, a toujours été éva-
luée au centième de leur produit. 2°.
de l'amoncellement continuel & prodigieux des poiffons, coquillages, plantes
& autres corps marins. 3°. Des productions coralines & autres concrétions fans
nombre qui conftituent des ifles entières,
& qui les agrandiffent à vue d'œil. 4°.
Enfin de ce prétendu agrandiffement de
baffin que l'on m'oppofe, c'eft-à-dire du
rongement des côtes que j'avoue être très-
réel & très-confidérable ; puifque pour
une toife cube que fa capacité y gagne

---

fimple déplacement, & non cette déperdition
réelle que je veux établir, pour en conclure
que l'eau eft la matrice naturelle de la terre,
& qu'elle lui fait place.

en apparence, il faut qu'elle en perde réellement & néceſſairement quarante, cinquante & ſouvent davantage. Vous me permettrez donc de conclure hardiment que le fond de la mer s'encroute & s'éleve dix fois plus encore que ſa ſurface ne paroît baiſſer ; que ces raiſons, ces preuves réunies d'une double dépreſſion annoncent que la maſſe d'eau diminue actuellement de plus d'un pouce & demi de ſon épaiſſeur ; qu'elle doit toujours s'être déprimée & terrifiée au moins dans la même proportion ; & qu'une période auſſi longue que celle que vous donnez à la terre pour ſe réfroidir, lui auroit ſuffi pour ſe former ainſi toute entière, & ſortir des eaux comme nous la voyons. (*)

(*) S'il peut y avoir une hypothéſe qui rende raiſon de la grande différence qui ſe trouve dans la denſité des planetes, c'eſt certainement l'*hydrogée* que je donne ici ; puiſque l'eau, ma matière principe, eſt propre comme l'on ſçait à produire indifféremment les marbres, les mouſſes & les brouillards, par conſéquent toutes les denſités que requerrent les diſtances & les vîteſſes **différentes**

Vous devez d'autant mieux en convenir, Monfieur, que c'eft auffi, felon vous-même, des dépouilles de la mer qu'eft provenue l'enveloppe générale de la terre fur une épaiffeur inconnue & indéfinie, & néanmoins dans la plus courte

des planetes : & certainement au contraire ce n'eft pas celle que vous établiffez fur une matière fondue, qui ne pourra fe dénaturer qu'à la fuperficie & cinquante mille ans après l'arrangement du monde planétaire.

Cette formation de la terre pourroit fuffire auffi pour donner elle-même fa propre chronologie & fes différentes époques. La déperdition actuelle de la mer ne fût-elle que d'un pouce d'épaiffeur au lieu d'un pouce & demi fur toute fa furface, & fa profondeur générale ou moyenne fut-elle de mille toifes, c'eft encore aujourd'hui un foixante-douze millième de fon volume qui fe convertit annuellement en corps terreux. Quand enfuite l'on n'eftimeroit qu'au double la fécondité qu'elle avoit dans le moyen âge de la terre habitée, dans celui, par exemple, d'où proviennent ces reliques encore parlantes, ces foffiles animaux que vous trouvez doubles & triples de leurs analogues vivans ; & que l'on ne voudroit pas lui en attribuer une bien plus grande encore dans les premiers temps de fa chaleur &

de vos époques : que d'ailleurs vous soutenez formellement & avec raison que la surface générale des eaux s'est abaissée de 2000 toises. C'est-à-dire que, quoique votre système & le mien soient quant au fond aussi opposés que le feu & la glace,

---

de sa prégnation, où le môle aquatique devoit prendre des accroissemens bien plus prompts ; il s'en suivroit du moins qu'année commune la mer a toujours diminué d'un trente-six millième de son volume, quelqu'il ait été. Or tout ce que l'on peut supposer, c'est qu'il a été originairement dans la raison inverse de 70 densité de l'eau pure à 120 densité moyenne & supposée de la masse terreuse. Il faudroit donc pour cela que le rayon du globe eût été plus grand qu'il n'est de près de quatre cents lieues. Et pour que cette masse d'eau énorme ait été réduite successivement jusqu'à n'être plus qu'un quinze centième du volume actuellement terrifié, & un deux mille trois cents treizième seulement de ce qu'elle devoit être dans l'origine, par cette série continue & convergente, quoiqu'infinie ; l'on verra qu'il a suffi d'une période approchante de la vôtre, mais entièrement employée à produire & engendrer, d'abord & toujours de la terre, puis les corps marins dès qu'il y a eu un noyau de terre, ensuite les corps

la preuve la plus forte, & l'explication
unique que j'aie befoin d'employer, c'eft
la même, c'eft la feule qui foit inconteftable parmi toutes celles que vous donnez. Il y a feulement cette différence,

---

terreftres dès que ce noyau a paru defféché
dans quelque partie : ce fera en Tartarie &
en Sibérie, fi vous le voulez, parce que ce
font les terres les plus hautes, mais non pas
parce qu'elles font éloignées de l'équateur,
comme vous l'affurez.

Vous me fourniffez vous-même une preuve,
au moins un argument en faveur de cette
grande diminution dans le volume du globe, &
de cette converfion de l'eau en terre ; lorfque
avec M. Leibnitz, vous vous trouvez forcé de
conjecturer qu'aujourd'hui la denfité abfolue de
la terre eft prefque double de ce qu'elle étoit
à fa naiffance.

Si je cherchois à rendre mon opinion plus
probable par une période plus courte, je
n'aurois qu'à fuppofer avec vous que la profondeur moyenne de la mer actuelle n'eft
plus que de 230 toifes, au lieu de 1000 toifes
que je lui ai donnée : j'aurois alors un rapport quatre fois plus grand pour ma férie,
& il me fuffiroit d'une durée de temps quatre
fois moindre pour obtenir le volume de terre
qui exifte aujourd'hui.

que felon moi l'eau devient terre & n'auroit pas befoin d'autre caufe pour diminuer de volume & par conféquent de
hauteur : & felon vous elle a auffi fait
de la terre, elle a auffi baiffé de 2000
toifes de hauteur; mais c'eft fans rien
perdre de fon volume, c'eft fimplement
en fe déplaçant, en fe précipitant dans
les cavités de la croute de la terre lorfque fes bourfouflures viennent à s'écrouler. Mais j'en appelle à vous-même fur
les queftions fuivantes.

Qu'entendez-vous par les dépouilles de
la mer, fi ce n'eft pas l'eau même de la
mer dénaturée, transformée & réduite à
un bien moindre volume, puifqu'il eft
bien plus pefant? S'il y a eu de ces bourfouflures ont-elles pu être fans gerfures
ou crevaffes qui auroient donné tout de
fuite entrée aux premières eaux, & auroient rendu leur écroulement d'un effet
nul & même contraire? Par le refroidiffement elles font donc reftées bientôt abfolument vuides d'air auffi bien que d'eau,
comme feroient des larmes bataviques;
mais ont-elles pu prendre la forme requife
à cet effet, & fe maintenir en cet état vio-

lent affez pour donner à l'atmofphere
le temps de fe dépurer, & à la mer
celui de travailler enfuite tranquille-
ment, ne fut-ce que ce que vous avouez
être fon ouvrage & ce que, preffé fans
doute par cette difficulté, vous tâchez de
réduire à une couche la plus mince que
vous pouvez? Mais ces cavernes en s'écrou-
lant ont-elles pu faire autre chofe que de
reftituer le volume général & même la
forme totale dans leur premier état? Et
pouvez-vous fuppofer que leurs voûtes en
s'affaiffant n'aient pas fuffi feules pour
remplir leurs cavités? Croyez-vous, par
exemple, que les cordilieres, la plus
grande fans doute des bourfouflures que
vous puiffiez reconnoître pour exifter encore, & peut-être même pour avoir jamais exifté, croyez-vous qu'elles puffent
s'affaiffer & difparoître fans gonfler la
mer confidérablement au lieu de la faire
baiffer? Enfin, fi vous avez eu befoin de
pareilles caufes pour expliquer une ancienne & fubite retraite des eaux, ne
conviendrez-vous pas que la mienne eft
la feule que l'on puiffe employer pour
expliquer la diminution qu'elles éprouvent

fi lentement depuis que les hommes de la race actuelle en font témoins?

Ne conviendrez-vous pas aussi que pour se faire une idée de la forme & de l'état primitif de votre globe liquide & parfait, il faut absolument chercher sous le plus profond des mers où toutes bourfouflures sont sûrement effacées, quoique recouvertes au moins comme par-tout ailleurs de 1500, 2000 toises & plus de dépouilles marines; il faut assurer ensuite que tout ce que nous voyons excéder sur la terre jusqu'à 8000 toises peut-être au-dessus de ce fond vierge, ce ne sont encore que des larmes bataviques pareilles, qui ne sont plus solides sans doute que parce qu'elles sont plus petites de cavité & de volume, mais qui doivent enfin s'écrouler comme les autres, & remettre le globe entier sous les eaux aussi rond qu'il étoit & qu'il seroit resté, si elles l'avoient trouvé assez refroidi dès leur avènement: sinon il faut croire, comme vous l'insinuez, que de nouvelles cavernes continuent & continueront de s'affaisser en approfondissant toujours la mer autant qu'elles la rétreciront; que cela

continuera fans doute jufquà ce qu'elle
foit réduite à un feul puits qui toutefois, fi
j'eftime bien, n'aura jamais moins de 3000
lieues quarrées, puifqu'il ne peut pas avoir
plus 3000 lieues de profondeur, & guere
moins de neuf millions de folidité, pour
raffembler toutes les eaux que j'ai fuppofées exiftantes aujourd'hui.

NOUS voilà donc revenus à la cinquième
queftion que vous m'avez faite, comment
je pourrai expliquer la forme actuelle & extérieure de la terre ? A préfent que la glace
eft rompue tant au propre qu'au figuré, &
qu'il n'y a plus rien d'équivoque dans le
fond ni de mon principe, ni de l'opinion
qui nous divife fur la partie purement
hypothétique, je ne puis enfin me difpenfer de répondre précifément & clairement
à cette queftion qui doit faire la véritable
théorie de la terre, comme étant la feule
partie de cette fcience fufceptible d'études,
d'obfervations & d'expériences qui puiffent fatisfaire pleinement, ou du moins
encourager le Naturalifte. Mais comme
je ne puis qu'effleurer une matière auffi
étendue, comme d'ailleurs vous l'avez tout
à la fois épuifée & enrichie bien plus qu'il

ne feroit poſſible à tout autre que vous, je m'en tiendrai aux traits groſſiers & principaux de ce grand tableau; & en continuant de raiſonner comme j'ai fait juſqu'ici d'une manière tantôt poſitive, tantôt négative & critique, j'eſpere montrer qu'ils ſont tous auſſi bien d'accord entr'eux, que conſéquens au ſyſtême qui précéde.

Il me faudra à la vérité emprunter ou ſous-entendre néceſſairement nombre d'articles qui ſe trouveront & auſſi vrais, & bien mieux expoſés dans votre propre deſcription de la terre; mais ce ne ſera qu'après avoir encore dit de ce môle animal ce que vous ne pourrez jamais en dire: puiſque je l'ai pris naiſſant & au berceau pour le conſtituer, l'organiſer & le faire croître ſans ceſſe; tandis que vous l'avez trouvé formé tout d'une piéce, & coulé d'un ſeul jet comme une ſtatue de bronze, pour employer toute ſa vie à l'organiſer auſſi, ſelon vous, mais tout au plus à le ciſeler & à le plâtrer.

Je dis donc que ce môle en ſe nourriſſant d'abord très-rapidement, & enſuite entement de la dépuration d'une glace

éternelle

éternelle & d'une eau mere qui, outre la
faculté de produire, portoit fans doute
d'avance beaucoup plus qu'un germe &
un fimple embryon, s'eft organifé réellement & dans toute la force du terme,
au moyen d'un foyer de chaleur & d'activité (foit animale, foit végétale, foit
fimplement minérale) que l'on trouve-
roit fûrement à fon centre. Qu'ainfi les
formes principales qu'il a prifes tant à
l'intérieur qu'à l'extérieur font peut-être
auffi effentielles à fa nature que le fque-
lette & la figure humaine le font à la
nôtre; & qu'une intelligence fupérieure y
découvriroit fans doute auffi un caractère
fpécial & générique à de pareils êtres.
Qu'au moins l'organifation la plus in-
forme comporte néceffairement des ftries,
des cavités, des traits faillans, & qu'il
n'en faut pas davantage avec le jeu périodi-
que & accidentel des eaux, pour expliquer
ce que nous appellons les plus grandes
inégalités de la terre (*); quoiqu'elles

(*) Effectivement, prefque toutes les autres inégalités ou formes accidentelles de la
terre naiffante je les attribue aux caprices &

D

ne foient plus à beaucoup près auffi régulières qu'elles l'ont été, quoique les
reftes en foient confondus avec les effets
d'un défordre fubféquent. Enfin, que le
globe tout entier s'eft ainfi formé tran-
quillement, fucceffivement & par juxta-
pofition, de la manière précife qui vous
eft démontrée à vous-même par l'infpec-
tion & l'analyfe de ce que vous n'appellez que fon enveloppe : il refte à fça-
voir comment une mer auffi précaire que
la vôtre, & fans perdre de fon volume,
auroit été capable d'un travail auffi long
& auffi méthodique que l'a été cette feule
enveloppe, dont vous n'ofez fixer l'épaif-

aux mouvemens inexplicables des eaux univerfelles, qui très-fouvent s'obftinent à creufer
& enlever dans un endroit déjà très-bas pour
tranfporter & entaffer dans un autre qui eft
très-élevé. L'air nous donne tous les jours des
exemples de jeux pareils. Quoique les vents
foient, auffi bien que les eaux, de nature
à tout niveller & applanir, on les voit prefque par-tout, principalement fur nos Côtes &
dans les déferts d'Afrique & d'Arabie, fouf-
fler de toutes parts & agir néanmoins comme
de concert pour accumuler les fables jufqu'à des
hauteurs étonnantes.

feur ; & pourquoi vous voulez abfolument que tout le refte du noyau, à compter de je ne fçais où, foit d'une autre nature fi difparate, fi étrangère, fi inconnue, qu'il n'y a ni aucun nom, ni aucune idée qui puiffent lui convenir. Car pour celle du verre, quelque verre que vous fuppofiez, je m'en rapporte à vous, & je vous demande fi par-là on peut entendre une matière univerfelle ou propre à le devenir.

Si l'on exige que je donne auffi l'analyfe des couches de la terre, & la raifon des différences & même des oppofitions qu'on obferve dans leur nature & dans l'ordre de leur pofition refpective; je dirai en deux mots que je n'y vois rien qu'un Naturalifte ne puiffe comprendre aifément, s'il a comme moi pour principe que la mer a engendré ou produit la terre de cent manières & fous mille formes différentes, le limon, les plantes fibreufes & pierreufes, les infectes, les poiffons, les coquillages de toute efpèce. Il fçait que chacun de ces genres, & même chacune de ces efpèces affecte naturellement de s'affembler & de fe cantonner dans les

parages qui ont quelques inégalités. Il
retrouve & il reconnoit encore par-tout
les dépôts vierges & énormes de cette
production originelle qui eſt reſtée à ſa place
natale, tranchée horizontalement par feuil-
lets imperceptibles qui marquent les marées, par couches très-ſenſibles qui marquent les lunaiſons, les années, &c. &
par bancs plus ou moins épais, ſuivant la
fécondité & la population du lieu, qui
indiquent viſiblement des périodes & le
retour aſſez régulier de phénomenes marins qui troubloient ou plutôt qui articu-
loient l'organiſation, en interpoſant des
alluvions diſparates ou inaliables. Voilà
les pays de craie ou de marbre, & toutes
les terres & les pierres de ce genre pures
ou décompoſées, pétrifiées ou molaſſes.

- Mais ſi ce Naturaliſte penſe comme
vous que toutes les couches, tous les
bancs ne ſont que des effets de la mer
purement méchaniques, de ſimples déplacemens de matériaux qu'elle a démolis
dans un endroit pour les remplacer dans
un autre, il lui reſtera toujours à deviner
l'origine, la nature & l'état de ces matières avant qu'elles fuſſent déplacées; il

ne pourra se rendre aucune raison valable
de l'étendue immense & uniforme des
mines calcaires & natives, ni de l'extrême
ténuité de leurs élémens similaires & originels; il ne pourra enfin expliquer que
les bancs de terres & de pierres arénacées, ces mélanges grossiers de décombres plus ou moins tamisés & de *corps
morts* entassés & mutilés : ce qui constitue,
selon moi, un second genre de mines bien
plus varié & bien plus casuel ; mais aussi
bien plus nouveau que le premier, puisqu'il est fait de ses débris ; & bien différent de nature, puisque ses élémens sont
déjà composés, mêlés en outre avec une
infinité d'autres qu'on reconnoit pour être
aussi les débris d'une terre séche & même
déjà habitée. Ces dépôts, trop considéra-
bles pour être tous attribués à une cause
aussi passagère que le déluge, se montrent
comme ceux du premier genre par bancs
& par gissemens tout-à-fait semblables ;
mais leurs couches sont sensiblement plus
épaisses, parce que le travail de la mer
par transport étoit bien plus prompt que
celui par production.

Et loin de généraliser cette manœuvre

particulière de la mer, on ne peut pas même l'appliquer, comme vous le faites encore, à aucune de ces maſſes de falun, de ſable ou de ſablon pur, ſi petites ou ſi grandes qu'elles ſoient, lorſqu'on n'y trouve point de veſtiges ni de vaſes ni de couches litées. Ces maſſes encore plus nouvelles que les précédentes ſont même poſtérieures au deſſéchement local : il eſt évident qu'après avoir été le jouet des flots qui ſeuls ont pu les moudre & les ſaſſer à ce point, elles ont encore été livrées aux vents capables ſeuls de trier, de tranſporter & d'édifier des dunes & des amas auſſi parfaitement détergés (*). Ces amas pourront, quoiqu'en changeant de figure extérieure, reſter toujours en pouſſière, parce qu'ils forment un filtre général en tout ſens & continu ſans aucun diaphragme du haut en bas ; s'il ſe pé-

(*) Quoique vous parliez auſſi de dunes vous ne faites aucune mention de ce travail des vents qui eſt un des plus conſidérables changemens dont nous ſoyons aujourd'hui témoins, qui a eu lieu dans tous les âges, mais qui a été toujours auſſi le plus ſuſceptible d'être détruit ou défiguré.

trifient ils ne pourront donc jamais le faire que par des caufes particulières ou inteſtines, & feulement par blocs détachés, fans aucun figne de couches ni de délits; & s'ils viennent enfuite à être découverts & déracinés, foit par les eaux, foit par d'autres vents, ils tomberont entaffés pêle-mêle l'un fur l'autre comme on les voit à Fontainebleau; finon ils reſteront ifolés çà & là, comme ces pierres du diable fi fameufes en Irlande, fi communes en France, & dont le plus grand nombre font néanmoins invifibles, foit pour être reftées enfevelies dans leur matrice fableufe & incohérente, foit pour l'avoir été de nouveau par d'autres terres qui leur étoient étrangères; ce font celles-ci que les carriers ne peuvent trouver, comme vous dites bien, qu'en *courant à la chaffe.*

Voilà les trois genres principaux de couches, de mines & de carrières que je diſtingue en général fous le nom de *natives, arénacées, & jetiſſes* (*). Sans

(*) Je ne parle pas des genres mixtes, de ces mélanges accidentels qui déroutent les

D 4

entrer dans de plus grands détails, je crois en dire affez pour établir, & même pour juftifier aux yeux des obfervateurs, cette claffification ou cette méthode qui d'après mes principes m'a toujours femblé la plus

---

Naturaliftes; néanmoins ils font & ils doivent être fort communs fur - tout entre les deux premiers genres; puifque ces deux formations peuvent avoir eu lieu à la même date, & par conféquent s'être opérées fouvent & fucceffivement au même endroit; puifque la féparation des bancs n'eft qu'un effet réglé de pareilles alternatives; puifque l'épaiffeur de ces diaphragmes va fouvent jufqu'à égaler & quelquefois jufqu'à furpaffer celle des bancs; puifqu'enfin on voit des montagnes entières qui font mi-parties, & d'autres qui font fubdivifées horizontalement entre ces deux genres. Quant au troifième il eft fujet auffi à des exceptions accidentelles qui le feroient confondre avec le fecond s'il a été déplacé & ftratifié par de nouvelles eaux, & même avec le premier fi fes élémens ont été diffous graduellement & par couches fur une certaine épaiffeur. Je pourrois citer des exemples fenfibles de toutes ces variétés accidentelles, & les montrer encore comme autant de preuves de la regle générale à laquelle ils font exception.

fimple, la plus lumineufe & la plus propre à tirer cette partie de l'hiftoire naturelle de l'obfcurité & de la confufion où elle eft encore. Vous voyez au furplus combien je dégrade & combien je rajeunis votre grès & votre roc vif : je ferai probablement forcé d'en faire autant de votre granit, fans même créer pour lui un nouveau genre de pierre.

Mais cette digreffion nous fait perdre de vue la forme générale de la terre. J'y reviens en difant que ces caractères organiques, ces grands traits, ces arrêtes qui la traverfoient fans doute en tous fens & fur-tout d'un pôle à l'autre, comme les côtes brodées d'un melon, ont été les premiers à naître ; c'eft-à-dire à fortir des eaux : mais ce n'eft qu'après avoir formé des écueils fur lefquels la mer a d'abord brifé avec violence, ce qui les a fortement durcis & comprimés ; bientôt ils n'ont pu être furmontés que par les hautes marées, puis par l'élancement des flots agités, enfin plus du tout : & l'on fentira que ce n'eft pas fans avoir été arrachés, échancrés en nombre d'endroits par ces mêmes flots, fi l'on réfléchit que dès-

lors la mer univerfelle fe divifoit en plufieurs mers de l'eft & de l'oueft ; dont
les flux & reflux arrivant par conféquent
à des heures oppofées ou très-différentes,
fe précipitoient alternativement de l'une
dans l'autre, & d'une vîteffe proportionnée à la hauteur prodigieufe de ces anciennes marées, par ces coupures & ces premiers détroits que je pourrois encore indiquer, quoiqu'ils foient pour la plupart reftés à fec mille, douze cents toifes & plus
au-deffus de la mer actuelle.

La raifon que vous donnez de ce que
non - feulement ces arrêtes mais encore
toutes les montagnes en général, font
plus efcarpées à l'oueft, eft donc ici feulement recevable & affez vraie : mais
pour qu'elle fût applicable à vos arrêtes, il
faudroit qu'elles n'euffent pas été, comme
vous l'affurez, ni de roche native ni d'une
élévation toujours fupérieure de beaucoup
à la mer ; & pour qu'elle le-fût à tant
d'autres montagnes qui font plus baffes à
la vérité mais cependant voifines de celles-
ci & fur le même parallele, il faudroit
que le courant diurne de la mer eût pu
franchir bien plus librement encore ces

grandes barrières que vous lui avez oppofées dès le commencement.

Il y a une autre raifon bien meilleure
que j'ai toujours trouvée frappante & fans
replique : c'eft que, felon toute apparence,
les plus fréquentes & les plus grandes
tempêtes font toujours venues comme
aujourd'hui par le vent du fud-oueft.
Auffi à quelqu'époque & à quelque hauteur que la mer fe foit trouvée (& l'on
verra bientôt que c'eft à toutes les hauteurs poffibles) toutes les côtes qui avoient
cette expofition ont été du haut en bas
bien plus battues par les flots, & plus efcarpées que les autres : comme nous le
voyons arriver encore aujourd'hui fur notre
Océan. Et cette raifon eft non-feulement
plus vraie, mais plus générale ; car l'on
ne pourroit pas expliquer autrement la
forme des pics ou des montagnes côniques
& ifolées qui toutes font auffi plus rapides
de ce côté là que de tout autre, fuppofée
même étendue de baffin tout à l'entour :
l'on pourroit encore moins expliquer celle
des côtes moyennes & plus baffes qui,
lorfqu'elles ont été ainfi figurées, étoient
parfaitement & depuis très-longtemps à

l'abri du cours général que la mer a d'orient en occident, & que vous donnez pour feule caufe de cet effet dans tous ces cas & ces temps différens. Cette caufe, comme vous venez de le voir, eût été bien plus admiffible dans mon hypothefe ; cependant & malgré votre autorité, je l'aurois toujours rejettée au moins comme infuffifante, quand même je n'en aurois pas trouvé d'autre pour la remplacer.

Me voilà, fi je ne me trompe, arrivé par une marche bien courte & bien fimple à votre quatrième époque, c'eft-à-dire au moment où ma théorie commenceroit feulement à avoir quelque chofe de commun avec la vôtre ; où je puis voir, comme vous, le globe naiffant & ne ref-femblant encore qu'à un archipel d'ifles longues, étroites & découpées ; & d'où nous pouvons partir comme de front & déjà d'accord fur la première apparence & fur la figure extérieure de la terre : mais quant à fa conftitution réelle, in-térieure & générale, je fuis incompara-blement plus avancé que vous. Ma mer féconde & peuplée dès le commencement a déjà rempli fa tâche, produit, dépofé

& arrangé non-feulement tout ce que nous voyons fur la furface, mais tout ce qui exiſte dans les entrailles de la tetre: il ne lui reſte plus qu'à découvrir ſon ouvrage, & à le défigurer pour le rendre plus utile à de nouvelles créatures qui vont remplacer les poiſſons. La vôtre au contraire arrive toute bouillante encore des pôles à l'équateur, & commence feulement à être univerſelle fur la croute d'un verre brûlant & pétillant qui va, dites-vous, ſe diſſoudre dans l'eau pour former les fables & les argiles qui ſerviront de matrice & de noutriture aux poiſſons, & enſuite de premier élément à cette couche énorme & générale de matière calcaire dont cependant nous ne voyons que des reſtes & dont nous ne connoiſ-fons pas les bornes. Quels avantages n'ai-je pas ici fur vous ? Mais fuivons.

Les premiers détroits dont je viens de parler traçoient & déterminoient pour toujours les grands & anciens courans qui ſont encore deſſinés aux yeux d'un obſervateur attentif; & tous ceux que nous pouvons aſſurer avoir exiſté depuis le fommet d'une chaîne de montagnes juſqu'au

fommet de fa voifine ou même de fa parallele fi éloignée qu'elle foit : & le cours
qu'avoit la maffe générale des eaux de
l'orient à l'occident s'eft ainfi trouvé arrêté & forcé de fe détourner entre deux
chaînes tantôt au midi, tàntôt au nord,
comme l'indiquent encore la vallée du
Rhône & celle du Rhin barrées invinciblement vers l'oueft, l'une par la chaîne
des Vofges, l'autre par celle du Forez.

Mon Archipel s'agrandiffoit promptement par la grande fécondité de la mer,
& fe peuploit d'une prodigieufe quantité
d'animaux & de végétaux, fi prodigieufe
qu'elle devoit être bientôt la caufe d'une
deftruction générale. Vous en dites bien
autant du vôtre, mais en avouant malgré
vous, & en nous laiffant conclure néceffairement, que la mer n'a pas pu être habitée
plutôt que la terre; ce qui eft, permet-
tez-moi cette expreffion, contre toute
vérité & toute vraifemblance (*). Mais

___

(*) Vous avez bien fenti que l'opinion
contraire ne pouvoit s'accorder avec votre
fyftême, qui veut abfolument que la chaleur
fût encore exceffive & mortelle dans le fond

ces ifles que vous faites avec la roche
vitreufe & pure du foleil, & qui quoiqu'ayant déjà jufqu'à 2000 toifes & plus
de hauteur n'ont jamais connu l'eau que
par les pluies qui les ont lavées, qui
fans doute doivent être encore telles fous
les neiges qui les couvrent actuellement ;

---

de votre mer lorfqu'elle devoit être déjà propre aux êtres vivans fur le fommet des premières ifles : & pour tirer avantage même des
difficultés vous vous êtes déclaré contre cette
opinion. Mais n'ofant pas foutenir, comme
vous auriez dû le faire conféquemment à
votre hypothefe, que les productions de la
terre ont précédé celles de la mer, vous vous
retranchez à établir qu'au moins elles n'ont
pas commencé plus tard : & pour une thefe
auffi nouvelle & auffi importante vous n'ap-
portez d'autres preuves que les empreintes de
plantes & de poiffons qui fe trouvent enfemble & indiftinctement dans les fchifts,
ardoifes, terres ou pierres feuilletées.
Mais pour que cela fût fuffifant & concluant
il auroit fallu prouver 1°. que ces plantes
n'appartenoient pas à la mer feule auffi-bien
que les poiffons contemporains. 2°. Que ces
fquelettes font indubitablement ceux des premières de toutes les productions tant de la
mer que de la terre. 3°. Ou que les animaux

ces ifles auront produit cette quantité
prodigieufe de matières animales & végétales dont la décompofition vous eft néceffaire pour préparer celles des volcans !
Cela paffe ma conception. Vous dites à
la vérité que cette première fécondité n'a
eu lieu que bien au-deffous de ces ifles
inutiles : mais comme dans votre fyftême
encore elles n'ont pu s'élargir, & découvrir à leur bafe quelque peu de terre végétale, que lorfque vos cavernes fe feront

terreftres, & les coquillages eux-mêmes
avoient leur cimetière à part ; ou qu'ils n'exiftoient pas encore ; ce qui donneroit du moins
aux petits poiffons la primogéniture fur tout
le refte de la nature vivante, même fur les
grandes efpèces qui, felon vous cependant,
devoient naître avant toutes. 4°. Que les
fchifts feuls ont dû recevoir les premières dépouilles des deux élémens ; conféquemment
que ces matières quoiqu'encore molaffes aujourd'hui font néanmoins plus anciennes que
le rocher qui eft deffous & quelquefois tout
à l'entour, puifqu'on ne voit dans celui-ci
aucun veftige de plantes ni de poiffons,
mais une infinité de coquilles pétrifiées ou
alabaftrées.

Or convenez que, malgré vos efforts, ces

abymées ; & comme elles ont dû s'aby-
mer auffi-tôt que l'empire des eaux a été
complétement établi, fi ce n'eft même
avant ; ils s'enfuit que ces eaux avoient
à peine commencé à fertilifer la croute
de verre qu'elles couvroient, lorfqu'elles
ont dû entraîner dans une fuite auffi bruf-
que le peu de dépôt qu'elles avoient eu
le temps de faire ; & qu'elles ont dû laiffer
par-tout la roche auffi nue, auffi ftérile
qu'elle l'étoit fur l'archipel. L'on ne peut

---

preuves effentielles font encore à donner ; &
qu'il feroit bien plus faciie de prouver le contraire, ne fut-ce que par votre propre affer-
tion, lorfque vous prétendez que ces fchifts
& ardoifes font les premières diffolutions de
votre verre brûlant dans les premières eaux :
Suppofez tant que vous voudrez que les premiers poiffons étoient de nature à vivre dans
l'eau bouillante ; vous ferez toujours forcé
d'avouer qu'ils n'ont pu exifter & être enfevelis que bien poftérieurement à cette première diffolution, à cette première couche
terreufe, la feule qu'à toute rigueur vous
pourriez vous défendre d'attribuer entièrement à la mer, & fous laquelle immédiatement & infailliblement l'on devroit trouver
le fameux noyau vierge, le verre folaire, le
granit vif, &c.

pas même accorder qu'elles aient pu y fillonner le moindre des vallons, ni pratiquer autre chofe que des cataractes affreufes aux bords des abymes qui les ont englouties.

J'ai à vous oppofer un tableau bien différent & bien mieux d'accord avec la nature préfente. Ces continens, qu'il ne faut pas fe figurer auffi petits à beaucoup près que ce qui en refte, fortant du fein fécond d'une mer éternelle, dans la température la plus chaude puifque c'étoit alors la région la plus baffe de l'atmofphere, ont dû produire en abondance les plus grandes efpèces de plantes & d'animaux ; plus grandes fans doute encore que celles dont les reliques nous étonnent : car cette première colonie de la terre a fur les autres une fi grande antériorité, que je n'imagine pas qu'il en puiffe refter veftiges, non plus que de fes foffiles marins qui étoient encore bien antérieurs à elle-même. S'il eft vrai qu'effectivement l'on n'en découvre aucun fur ces premiers théâtres de la nature, je ne veux pas en admettre d'autre raifon ; fi ce n'eft encore que cette race & cette habitation

anciennes fe font dégradées, comme nous
le voyons arriver à la plus moderne : que
tout s'y eft enfin pétrifié, defféché, cal-
ciné par les caufes ordinaires ; fi même il
n'avoit pas été d'abord détruit ou tout-
à-fait dénaturé par le feu des volcans
dont la fureur devoit être proportionnée
aux premières forces de la nature.

Cé font là les grandes caufes & les
agens principaux de la plus prompte di-
-minution des eaux & de la figure poftérieure de la terre. La defcription, l'explication & la peinture de leurs caufes &
de leurs effets font chez vous auffi vraies
que brillantes. Il n'y a que le concours
de votre feu central qui me paroît bien
indifférent à des fermentations acides ou
pyriteufes ; & à des explofions fuperficielles
caufées, comme vous le dites, par le
phlogiftique, par l'électricité & par la di-
latation de l'eau. Au furplus j'ai auffi mon
feu central, bien moins matériel & plus
purement électrique que le vôtre ; & j'ai
de plus que vous des organes conftitutifs
par lefquels il doit communiquer à tous
les points de la furface.

Je dis donc comme vous que les pre-

mières terres ont été incendiées & ravagées
par les volcans. Que quelques-unes en re-
çurent des accroiffemens confidérables par
les matières jectiffes & amoncelées : mais
que toutes dévorées & creufées intérieurement offrirent des cavités & des vuides
bien plus réels que ceux de vos fouflures,
puifque le feu en avoit dévoré, volatilifé,
cinérifé tout le contenu. Enfin elles fe
font minées jufqu'à s'écrouler par quelque
cataftrophe générale. Plus des trois quarts
fans doute ont difparu, & par l'abaiffe-
ment fubit des eaux qui s'en eft fuivi,
ont fauvé d'une ruine pareille le quart
reftant que nous voyons dans les plus
hautes montagnes des quatre parties du
monde. Ainfi s'eft fait une première divifion entre les pôles & entre les hémif-
pheres. Ainfi la mer qui n'avoit diminué
jufques-là que par une tranfmutation progreffive, & qui a laiffé des marques indubitables de fon féjour à cette hauteur
d'où nous fommes partis enfemble, & que
je reconnois avec vous pour être d'environ 2000 toifes au-deffus de fon niveau
actuel, s'eft retirée fubitement en maffe
par les différens courans qui étoient déjà

établis, puis en détail par une infinité de
fauſſes routes qui ſont venues y aboutir :
en emportant une quantité conſidérable
de ſes anciens dépôts : en creuſant les
vallées avec une vîteſſe & ſur des pentes
qui étoient en raiſon inverſe de la diſtance de l'abyme, ou du courant principal où elle ſe précipitoit ; quelquefois auſſi
par des cataractes bruſques, lorſque la conſiſtance du fond diminuoit tout-à-coup (*):

(*) Ce ſeroit bien là le cas de décrire & le moyen
d'expliquer clairement la correſpondance alterne des angles ſaillans & rentrans des côtes,
s'il étoit beſoin de s'y arrêter. Mais c'eſt le
premier objet qui a dû frapper tout obſervateur jettant ſur le globe une vue non préoc-
cupée. Cela fut en outre pour moi un trait de
lumière, un puits de conſéquences, une preuve
inattaquable de la theſe que je ſoutiens en ce
moment. Je fus donc aſſez étonné quand je
vis enſuite que cela étoit donné & reçu généralement comme une nouvelle découverte. Je
ſentis bien qu'en liſant davantage j'aurois pu acquérir cette connoiſſance un peu plutôt : mais
je compris auſſi par-là que dans les ſciences,
expérimentales ſur-tout, la lecture peut ſuffire pour obſcurcir la meilleure vue. Il n'y a
qu'elle effectivement qui puiſſe avoir tant re-

& en laiſſant ce nouveau continent dreſſé
en pentes douces ou rapides, ſillonné
d'ailleurs & découpé en maſſes tranchées
ou iſolées qui, ſuivant leur nature, leur
forme & leur ſolidité, ont toutes taſſé &
incliné plus ou moins par les porte-à-faux

---

tardé & cette découverte & ſes véritables conſéquences.

On s'en tenoiṭ donc à dire avec vous : voilà tout
à la fois la preuve du ſéjour de la mer, &
l'effet de ſes courans. Mais, diſois-je, les
courans de la mer ne ſont pas à côté ni ſi
près l'un de l'autre : ſi elle en a de tranſ-
verſaux, de convergens, de ramifiés ; au moins
n'en doit-elle pas avoir pluſieurs partant en-
ſemble d'un même point pour courir en ſens
tout oppoſé, & s'élargir de manière à ſe confondre mille en un ſeul : ſous une nappe d'eau
libre, commune & générale ils ne pourroient
avoir ni profondeurs, ni pentes, ni lits, ni
bords auſſi décidés, & cependant auſſi variés
pour chacun d'eux : il ſuffit qu'un fleuve
reſte débordé pendant quelque temps pour qu'il
efface au contraire tous ces ſignes, & qu'il
aille les répéter à la diſtance & à la hauteur
momentanée où il ſe trouve : on diſtingue
encore très-aiſément dans le cours des grands
fleuves, du Rhin entr'autres, huit à dix anciens lits qu'ils ont laiſſés très-bien marqués
quoique fort loin ou fort au-deſſus les uns

& par la defficcation ; plufieurs faute
d'appui fe font détachées & renverfées
tout-à-fait, tandis qu'un plus grand nombre n'a fait que glifer & defcendre

des autres, parce qu'au contraire ils font
reftés à fec fucceffivement : donc fi quelques-uns de ces courans doivent leur naiffance aux eaux univerfelles, tous doivent
leur état actuel à une quantité d'eau ifolée &
bornée dans fon lit, déterminée dans fon
volume comme dans fa chûte & dans la durée
de fon écoulement : donc fi ce font des
courans de la mer ; c'eft d'une mer qui fuyoit
& qui n'exiftoit déjà plus que dans ces la-
gunes, ou fe trouvant retardée & forcée à
plus de vîteffe, elle s'eft pratiquée précifément comme un torrent, des paffages pro-
portionnés depuis le haut jufqu'en bas aux
différentes cataractes d'eau qui fe font pré-
fentées ; ce qui dans les endroits refferrés par
des bords d'égale réfiftance exigeoit un parfait parallelifme entr'eux, par conféquent une
correfpondance alterne d'angles & de finuofités.

On prendra ces raifonnemens foit comme
détails d'une defcription qui eft trop générale & trop concife ; foit comme preuves du
texte fi l'on croit encore qu'il en ait befoin, &
que cette fameufe correfpondance des angles
puiffe s'expliquer autrement que par des eaux
coulantes entre des terres déjà defféchées &
ifolées.

comme pour fervir de contre-fort à tout
le refte.

L'on voit que les rochers de l'archipel
fe trouvant alors mal aſſis, ne ſe ſont
écroulés ou inclinés qu'en ſe rompant:
mais ceux qui venoient d'être deſſéchés
avoient ſi peu de conſiſtance que non-ſeulement ils ſe ſont auſſi inclinés, mais
ployés en courbes concentriques régulières & continues, dont l'inflexion eſt
générale à tous les bancs, & va quelquefois juſqu'à les renverſer & à les faire
plonger verticalement, quoique toujours
paralleles & très-diſtinⴆs.

Quantité de lacs & de réſervoirs, aux
environs ſur-tout des principaux points
de partage ou départ des eaux, ſont
néanmoins reſtés ſuſpendus à différentes
hauteurs faiſant écluſe l'une ſur l'autre,
juſqu'à ce qu'ils aient percé, miné ou
renverſé tout-à-fait les bords du baſſin
qui les retenoit. Les percées ou conduits
ſouterreins ont pratiqué au travers des
rochers déjà fiſſurés ce que nous appellons aujourd'hui des grottes; tantôt ſpa-
cieuſes ſi elles ont rencontré des mines
de ſables ou des pots de terre qui ont été
délayés

délayés & emportés ; tantôt étranglées par
des roches ferrées, que les ftalactites ont
enfuite obftruées de plus en plus, ou maf-
quées tout-à fait (*). Les percées ou irruptions à ciel ouvert fe montrent encore
en mille endroits par des tranchées plus
ou moins à pic que le vulgaire attribue
aux Romains, aux Géans, &c. & qui ne
font qu'une digue d'étang rompue, un
accident local & vifiblement poftérieur à

(*) Je ne parle que des grottes en boyau,
& non des antres fimples qui ont d'autres
accidens pour caufes. La fource du Doubs,
par exemple, femble une de ces grottes encore mouillées, & quoique mafquée, fervant
encore à une partie de fa première deftina-
tion, en traverfant fous le Noir-Mont jufqu'au
lac des Charbonnières. Elle a probablement
fuffi feule autrefois pour évacuer très-promp-
tement ce grand & très-long baffin, qui vifiblement bavoit par-deffus fes bords, d'un
bout dans le Rhin, de l'autre dans le Rône;
& qui eft refté une jatte féche, mais toujours circonfcrite, pour n'avoir pas eu le
moyen ou le temps de faire irruption autrement que par ce tiraudage, lequel ne partant
pas même de fond y a laiffé fubfifter une
marre ou une citerne dont il ne prend plus que
le trop plein.

E

la catastrophe générale : l'on pourroit même, sans choquer la vraisemblance, mettre de ce nombre le détroit des Dardanelles, celui de Gibraltar & d'autres semblables qui auront causé des inondations nouvelles, & assez étendues pour qu'on les ait cru universelles (*).

Que l'on voyage & que l'on observe

(*) Ces fosses, que vous appellez des portes ouvertes aux nations par les mains de la nature, ne vous paroissent être que des affaissemens produits par les volcans & par les tremblemens de terre : mais celles dont j'entends parler, celles même que vous citez comme les plus fameuses, si ce sont des affaissemens, c'est qu'ils avoient été d'abord excavés par-dessous, & qu'ils ont été promptement entraînés & évuidés par une violente irruption des eaux. Nous en voyons ici une preuve & un exemple dans la rivière de la Loue. Quoiqu'elle couvrît les bords les plus élevés de sa vallée, elle n'y avoit pas moins pratiqué une conduite souterreine qui s'étant minée & écroulée a livré tous ses débris au torrent qui les a dissouts & emportés, pour n'y laisser qu'une gorge étroite, profonde & vuide jusques sur son radier inférieur. Mais cette rupture & cette ruine se sont arrêtées à l'endroit où la quantité & la chasse des

par-tout ; je ne crains pas qu'on découvre fur la furface de la terre quelque
chofe qui puiffe démentir la réalité de
cette grande cataftrophe, de fes effets,
& de fes fuites ; qui puiffe même s'ex-

---

eaux n'étoient plus affez fortes : il eft vifible
encore aujourd'hui qu'il s'y eft alors formé
une furieufe cataracte tombant du haut de ce
cul-de-fac ; tandis que le reftant de la voûte
fouterreine réfiftoit & continuoit par-deffous
de couler à plein canal, comme nous la
voyons couler encore pour ne plus fournir
que la fource apparente de la rivière : & cette
fource vient non de grands lacs comme autrefois ; mais de fimples citernes naturelles
qu'entretiennent de vaftes entonnoirs qui,
après avoir achevé d'évacuer ces lacs, abforr-
bent encore toutes les eaux pluviales quelque
abondantes qu'elles foient, & que le peuple
appelle à caufe de cela des *engoulirons*. La
porte des nations eût été infailliblement ouverte jufqu'à ces bouches, fi le volume &
l'effort des eaux euffent été les mêmes jufques-là : mille autres endroits de nos montagnes l'atteftent en donnant des exemples
de ces deux cas, ici d'une rupture partielle,
là d'une rupture entière & à fond ; & dans
chacun de ces cas indifféremment, l'une abfolument féche, l'autre encore arrofée.

E 2

pliquer par aucun autre accident. Quant
à la caufe que j'en donne, je trouverois
bien des raifons pour la mieux juftifier :
mais celui qui me la conteftera ne fera
fûrement pas plus difpofé à vous accorder la vôtre. Je pourrois auffi en
donner une bien différente de toutes
deux; mais elle paroîtroit moins vraifemblable & tirée de trop loin (*). Je

---

(*) Je ne me déguife pas, comme vous
le voyez, que ma caufe peut, auffi bien que
la vôtre, paroître hafardée, & même infuffifante, fi on la compare à la grandeur & à
l'univerfalité des effets indubitables dont on
ne voit ici qu'une foible efquiffe : d'autant
mieux que je les conçois bien plus grands
encore que je ne l'annonce, quoique j'enché-
riffe déjà beaucoup fur vous, c'eft-à-dire, que
j'aurois fixé bien plus haut qu'à 2000 toifes le
niveau d'où la mer eft defcendue brufquement
pour la première fois, fi je n'avois pas défiré conferver ce point frappant de votre
théorie. Je l'aurois porté au double & au-
deffus de la plus haute montagne, puifqu'elle
n'eft pas plus exempte que les autres des
marques certaines d'une convulfion pareille
& auffi violente. Mais dans ce cas, je l'avoue
auffi franchement, il feroit encore plus ridicule d'expliquer cet évènement par mes vol-

confeſſe d'ailleurs que ma Philoſophie naturelle ne ſe ſent capable de travailler
que ſur des faits qui laiſſent au moins
quelques traces : & à juger par celles qui
nous reſtent encore des volcans après tant
de ſiécles & tant de bouleverſemens, je
dois les regarder comme l'agent le plus
puiſſant & le plus général que la mer ait
laiſſé après elle. Mais quelle qu'ait été
la cauſe d'une première retraite ſubite de
la mer, on ne peut révoquer en doute
la réalité du fait & de tout ce qui s'en
eſt ſuivi manifeſtement & néceſſairement.

Cette cataſtrophe cependant n'a pas
ſuffi pour deſſécher toute la terre que
nous voyons. La mer outre ſa déperdi-

---

cans que par vos cavernes ; il faudroit donc
recourir à une cauſe ſupérieure & étrangère
à la terre ; peut-être même à quelqu'une de
celles que vous avez cru devoir rejetter après
les avoir très-habilement diſcutées. Je ſuis ſi
perſuadé que ce pas important nous reſte encore à faire, que j'aurois oſé moi-même tenter
quelques recherches à cet égard, ſi je ne me
fuſſe ſenti autant d'incapacité que d'éloignement pour tout ce qui paroît n'être que ſyſ-
tématique & conjectural.

E 3

tion journalière a subi plusieurs autres retraites l'une après l'autre, de la même
manière, & à différentes époques que je
puis aussi compter comme vous, mais en
datant seulement de la première habitation de la terre ; en ne partant que d'évènemens marqués , de changemens réels
qui y sont survenus ; & en ne m'appuyant
pour cela que sur des témoins & des faits
exiftans ou avérés, qui prouvent que la
mer eft encore reftée ftationnaire plufieurs
fois & à différentes hauteurs.

Je vois, par exemple, qu'elle s'eft
établie de nouveau, & qu'elle a féjourné
longtemps à la hauteur de 800 toifes environ : l'on eft forcé de le reconnoître
tant par la forme & par les bords du
baffin qu'elle a empreints tout le long
des Alpes & des Pyrénées, que par les
ifles qu'elle formoit alors dans tout le
pays intermédiaire, qui ont été vifiblement rafées en cîme ou battues de côté
par les flots à cette même hauteur. C'eft
là fans doute l'époque des volcans du
Languedoc, de l'Auvergne, de la Pro-
vence & d'une infinité d'autres contemporains dans les Mers Méditerranée,

Océane, Pacifique, &c. qui auront creufé
ces Mers elles - mêmes, & renouvellé la
fcene qui s'étoit paffée trois ou quatre
mille ans auparavant dans la Mer Orien-
tale ; qui par ce nouveau baiffement a
dû découvrir une infinité d'ifles & de
bas-fonds. Je ne m'étendrai pas davantage fur l'étude de cette feconde époque
qui feroit très-curieufe en fuivant avec
vous les générations, & avec un autre
Philofophe les migrations des animaux
terreftres : je paffe aux fuivantes.

Une troifième époque qui a laiffé des
témoins auffi irréprochables & bien plus
frappans, fans doute parce qu'ils font
plus modernes & moins effacés ; c'eft une
troifième ftation de la mer à 350 toifes
à peu près de hauteur. Il n'eft pas poffible de la nier ni de la méconnoître.
Pour peu que l'on voyage à cette élévation l'on trouvera par-tout fes falaifes
encore taillées à pic dans les pays de
rochers, fur - tout à l'oueft, ou éboulées
en talut fenfible fi elles font de terre,
de fable, même de-craye ou de pierre
geliffe : on verra fes golfes bien def-
finés, & plus ou moins battus des flots

E 4

fuivant leur profondeur, l'afpect & l'ou-
verture du détroit; fes dunes de fable
& de coquilles légères qui font les unes
reftées pures & entières, d'autres pétrifiées, d'autres diffoutes & converties en
glaifes; enfin fes illes que l'on diftingue
très-bien de deux fortes, les unes qui
exiftoient déjà & qu'élle n'a fait que
tailler & découper, d'autres plus baffes
qu'elle a ou formées en entier ou re-
chargées & entourées feulement de nouvelles dépouilles qu'on ne peut confondre
ni pour l'âge, ni pour l'efpèce, ni même
pour le genre avec celles qu'elle avoit
dépofées autrefois dans le noyau de ces
mêmes illes & dans le continent voifin.

C'eft alors, pour continuer de prendre des exemples fous nos yeux, qu'il
exiftoit fur la haute Alface, entre les
Vofges & le Jura, un détroit très-vifi-
ble encore, faifant manche entre la mer
du nord & celle du fud; & que les pays
de Langres & d'Autun étoient de grandes
illes accompagnées d'un grand nombre de
petites qui font encore très-remarquables
même aux environs de votre terre de
Montbart. Si vous examinez les dé-

pouilles marines qui ont été déposées tout à l'entour de ces isles à cette époque ; si vous en allez faire autant du côté de Dijon par delà la chaîne de Sombernon ; vous verrez que, quoique de même âge, elles sont toutes différentes & comme appartenant à deux mers étrangères l'une à l'autre ; tandis que la couronne & l'intérieur de ces masses si différentes & si éloignées sont visiblement d'une composition marine, mais pareille, uniforme & bien plus ancienne. Vous sentez bien ce qu'il en faut conclure. C'est alors aussi que le Morvan étoit tourmenté par des volcans moins furieux que les précédens, & que quantité d'autres contemporains qui en dévastant sans doute encore nombre d'autres contrées à l'ouest, auront amené de la même manière une troisième révolution.

Je ne puis me dispenser d'en reconnoître & d'en indiquer encore une quatrième, quoiqu'elle paroisse avoir été moins durable. Certainement la mer s'est arrêtée, & a séjourné de nouveau dans un état assez constant à 80 toises environ au-dessus de son niveau actuel. Les plaines

E 5

de la Beauce, du Gâtinois, de la Brie, de la Picardie, &c. en font foi. Ce font évidemment des bas-fonds applanis & engraiffés autrefois par une mer habituelle & très-peu orageufe, parce qu'elle avoit peu de hauteur; comme la Flandre, la Hollande, &c. viennent de l'être plus récemment. Ce n'eft pas feulement une conjecture, une probabilité : c'eft un fait démontré par tous les côteaux qui entourent ces plaines, & par tous les monticules qui les furmontent. Vous y trouverez infailliblement l'effet de la laiffe journalière des marées : ici les fables & les coquilles légères jettés par les flots, & amoncelés enfuite par le même vent qui regne & qui amoncele encore aujourd'hui tant de dunes pareilles fur notre côte : là des coquillages plus pefans & ftratifiés, mais ouverts & culbutés : par-tout, & principalement aux promontoires les plus avancés, des bancs de petit gallet & de cailloux du pays qu'on fçait n'avoir été arrondis que par la vague alternative & à rebrouffement d'un rivage habituel. L'on ne peut pas nier ces faits ni ces preuves. L'on voit aussi que la basse Champagne étoit alors un golfe très-vaste, plus profond & presque sans isles : enfin l'on traceroit aisément sur la carte & sur les lieux même, cet ancien rivage de l'Océan tout au travers de la France, & sans doute aussi de tout le continent, malgré toutes les causes postérieures qui ont concouru à le défigurer.

Une chose très-certaine encore, c'est que la mer a quitté ce niveau aussi brusquement qu'elle avoit quitté les autres; sans doute par des causes semblables, mais sur-tout de la même manière en arrachant tout ce qui s'opposoit & qui n'étoit pas capable de résister à sa vîtesse. Ensuite les grands courans de l'Oise, de la Marne, de la Seine, &c. ont continué longtemps de couler à plein bord, c'est-à-dire à plus de 200 pieds de hauteur; de confondre leurs sables, & de faire en désordre ces amoncellemens disparates d'où sont résultées, vers leur confluent, des carrières plus utiles & plus belles que toutes celles que nous devons à la nature uniforme & tranquille. Ces courans ont, comme ceux des époques précédentes, diminué promptement, puis insensiblement jusqu'à l'état où nous les voyons : & comme le continent se comprime & se dépure de plus en plus de son humidité primitive, ils continuent encore de s'affoiblir, jusqu'à ce qu'ils n'aient plus à porter à la mer que le tribut net & restant des pluies qui doivent elles-mêmes diminuer, ne fut-ce qu'en proportion de la surface de la mer & du dessèchement général.

Je ne veux pas anticiper sur les révolutions futures ou possibles; mais en voyant que la mer n'a pas encore perdu toute sa vertu productive, & que sa superficie qui a occupé tout le globe, est encore plus que double de celle du continent, il me paroît très-probable qu'il en doit arriver encore de pareilles, dont la cause sera peut-être aussi l'écroulement de quelques terres, & dont l'effet sera bien certainement, comme vous l'avez vu, de donner la naissance à plusieurs isles, d'en réunir nombre d'autres, & de convertir en isthmes quantité de détroits. Le pas de Calais, par exemple, que l'on ne veut regarder que comme la rupture d'un isthme ou d'une simple digue ; au lieu de le reconnoître pour un reste évident, une lagune de la mer qui dans ma dernière époque couvroit encore la Normandie d'un côté & le pays de Kent de l'autre, ainsi que les caps mêmes de Blanc-nez & de Douvres ; lagune qui à la vérité s'est creusée & élargie depuis que la communication alternative des grandes mers s'y est trouvée trop resserrée & trop gênée (*) : ce pas, dis-je,

---

(*) Pourquoi, me dira-t-on, nieriez-vous pour le détroit de Calais ce que vous accordez si volontiers pour ceux de Gibraltar, du Bosphore & autres ? Il faudroit ne m'avoir pas entendu pour me faire cette question. J'ai dit que le détroit de Gibraltar a pu rester & se trouver à sec après l'une des retraites de la mer ; & qu'en cet état faisant une cataracte & une barre qui isoloit la Méditerranée, sans lui permettre ni de fuir avec la grande mer, ni de se mettre à son niveau, il aura été forcé & rompu par la charge résultant d'une grande inégalité dans la hauteur des eaux de part & d'autre. Mais c'est ce qu'on ne peut pas dire de celui de Calais. Si le même évènement l'avoit aussi laissé à sec ; à moins qu'il ne fût resté comme un mur prêt à se

se defféchera & deviendra infailliblement
un isthme parfait à la tête de notre Manche,

---

renverser, il est sûr que nous l'y verrions
encore : parce que placé entre deux mers
libres qui n'en font qu'une générale, il n'auroit jamais eu à souffrir que de la différence
alternative & réciproque des marées qui char-
rient beaucoup plus qu'elles n'arrachent dans
des golfes, aussi profonds sur-tout qu'eût été
celui-ci ; & qui en tous cas seroient, ainsi
que les vagues, une cause insuffisante pour
un effet tel que celui qu'on leur attribue.
Car enfin, combien d'autres murs, plus longs
à la vérité, mais aussi visibles, n'y a-t-il pas
eu à renverser encore depuis Calais jusqu'à
Brest, depuis les Dunes jusqu'au Cap Lé-
sard! Je ne crains point de dire que pour
toute cette longueur il n'y a eu qu'un seul
mur, une seule brêche & un seul instant
pour la faire ; & que toute la Manche est tout
à la fois le reste & l'effet de l'un des grands
courans de la mer, d'une décharge accidentelle
des eaux du nord dans celles du midi. Aussi
voit-on qu'elle s'est élargie & approfondie en
avançant de ce côté, comme ont fait en petit
tant d'autres torrens marins que nous voyons
déjà en partie ou tout-à-fait desséchés ; comme
la Baltique & le Texel, qui depuis longtemps
ne font plus que des golfes, vous semblent
à vous-même devoir être bientôt de simples
rivières.

comme celui de Suez à la tête de la
Manche rouge ; & avec des traits de
reſſemblance très-frappans, ſi l'on ſup-
poſe ſur-tout, comme pour Suez, le
temps d'amonceler à Calais les ſables qui
vont inonder aujourd'hui les côtes de
Flandres & de Picardie. Qui eſt-ce qui ne
voit pas d'ailleurs que ces deux Manches
doivent devenir de ſimples vallées arro-
ſées de rivières comme l'eſt aujourd'hui
le cours du Rhône, qui bien certainement étoit autrefois une Manche pareille,
ouverte par un détroit dans ma deuxième
époque, & fermée par un iſthme dans
ma troiſiême (*) ; comme l'eſt auſſi le

(*) Quand je dis le Rhône j'entends auſſi
la Saône & ſes affluens. Quant au Doubs,
ce n'eſt qu'un faux-courant cauſé par des accidens poſtérieurs : c'eſt évidemment, comme
nous l'avons déjà inſinué, le réſultat de pluſieurs grands lacs qui reſtoient ſuſpendus à la
deuxième époque ; & dont les baſſins qui ſont
encore bien marqués, ont été creuſés par la
rupture ſucceſſive de leurs digues, à la ſuite
& à cauſe les uns des autres. L'on en voit
encore un grand nombre de collatéraux qui
ne ſont que vuidés en partie, les uns par la

cours du Rhin, comme font & ont été
une infinité d'autres vallées que je pourrois citer ?

Mais jufqu'où m'a conduit l'envie de
répondre plus clairement à votre cinquième queftion ! Entre nombre d'autres
qui reftent fans doute à me faire, il y en
a fur-tout une fixième affez importante
encore pour que je doive la prévenir.

---

chûte entière de la bonde, les autres & le
plus grand nombre par des percées fouterreines au travers des bancs de rochers : mais
il y eft refté le plus fouvent une marre qui
s'eft enfin comblée par les alluvions & par les
tourbes ; comme on le voit à Sône, à Belle-
voye & ailleurs. Le lac de Saint - Point &
celui de Morteau, qui étoient des mers entre
le Jura & le Laumont, & dont l'irruption
partielle a entraîné & raviné tous ceux qui
étoient au - deffous, euffent été tout-à-fait
deffechés & creufés de même à leur tour,
s'il s'en fût trouvé d'autres fupérieurs & capables de détruire les deux cataractes qui leur
fervent encore aujourd'hui de digues. Avant
ces irruptions, il eft manifefte que le cours
inférieur du Doubs n'étoit pas encore ouvert
librement au midi, & qu'il couloit au nord
avec le Rhin.

Il en étoit de même du Rhône fupérieur:

VI. NE VOULANT pas reconnoître
avec vous la roche qui couronne les hautes
montagnes ni comme la matière folaire &
première (*), ni comme une extenfion
continue & homogêne du noyau de la
terre; quelle origine, quelle caufe pourrai-
je donc lui donner? Comment expliquerai-
je tous ces granits qui dérogent tant à la
nature de la pierre en général?

Ma réponfe eft affez annoncée par tout
ce qui précéde. J'ai dit que tout étoit

le lac de Genève étoit une mer commune
encore avec celle du Rhin, avant que le Jura fût
rompu & féparé des monts de Savoye: irruption qui eft une des dernières & des plus
imparfaites; parce que les rochers y étoient
déjà tellement durcis, qu'au lieu d'être diffous & entraînés, ils n'ont pu être que fra-
caffés & culbutés, comme on les voit encore
dans le lit du Rhône à la pointe perdue du
Jura.

(*) C'eft l'idée la plus grande, mais il
me femble auffi que c'eft la propofition la
plus hardie dont il foit fait mention dans
toute l'Hiftoire naturelle.

calcaire, au moins d'origine ; parce que
tout eſt l'ouvrage de la mer (*). Ces
ſommités de nos montagnes, quoique
ſans doute elles fuſſent ſon dernier travail, out été découvertes par conſéquent
deſſéchées, fécondées & pétrifiées les premières. Toute la vigueur de la nature
dans ſa première jeuneſſe s'y eſt réunie
& manifeſtée, d'abord par une végéta-

(*) En diſant que tout eſt calcaire d'origine, je n'en ſuis pas moins perſuadé que tout
eſt auſſi ou vitrifiable ou déjà vitrifié, mais
après avoir paſſé ſoit par l'état de chaux, ſoit
par l'état de cendre. C'eſt votre ſentiment
à vous-même ; & vous reconnoiſſez encore
que toute matière ſans exception paſſe effectivement ou peut paſſer par ces deux exiſ-
tences, juſqu'au ſilex qui ſe calcine par le
ſimple attouchement de l'air. Quand donc il
ſeroit vrai, comme vous le dites, que vous
ne trouvez rien aujourd'hui ſur la terre qui
ne ſoit de genre ou de nature vitrifiable,
comment pouvez-vous en conclure qu'il faut
pour cela que tout ait été originairement
verre ; & comment pourriez-vous prouver
que c'étoit là le premier état de la matière
plutôt que ſon ſecond, ſon troiſième &c ?
Pourquoi n'en conclueriez-vous pas au contraire que tout étoit chaux ?

tion & une population prodigieuses, enfuite par une décompofition proportionnée
de toutes ces nouvelles matières animales
& végétales ; & bientôt par des fermentations qui ont produit une conflagration
prefque générale, mais fucceffive. Vous
penfez de même avec cette feule différence, que, felon vous, tout cela s'eft paffé
au - deffous & bien plus bas que ces
grandes éminences qui , felon vous encore,
n'avoient rien de terreftre : ce qui, s'il
étoit vrai, m'embarrafferoit fort ; mais
cela n'eft pas même vraifemblable, comme
on l'a vu. Ces premières terres furent
donc ravagées par des volcans furieux.
Celles qui ont été abymées ne font plus
vifibles, fi ce n'eft par quelques - uns de
leurs fragmens qui fe font découverts &
defféchés de nouveau dans quelques-unes
des cataftrophes fuivantes, pour former
par différentes pointes cette multitude de
rochers que nous appellons ifles.

Celles qui ont réfifté à ce bouleverfement, tant dans ma première que dans
ma feconde époque, font reftées comme
nous les voyons, mais à des hauteurs
bien différentes & que vous ne remar-

quez pas affez. Si quelques-unes, fi la plupart d'entr'elles font couvertes ou même compofées de granits, n'en voit-on pas la raifon dans cette hiftoire feule & dans la nature même des granits ? N'eft-il pas évident, comme je l'ai déjà dit, que ce n'eft ni une vitrification en maffe, laquelle feroit néceffairement homogêne, ni une pierre native & pure ; & que c'eft néanmoins l'un & l'autre, c'eft-à-dire de gros élémens vitreux & difparates cimentés enfemble & en gros blocs de pierre.

Qu'on fe repréfente en effet ces anciens volcans vomiffant au mileu des mers (*) ; ne fera-t-on pas obligé de convenir que leurs pluies énormes de cendre & de feu fucceffives & par conféquent

_____

(*) Une remarque très-effentielle à faire ici, c'eft que ces furieux volcans dont vous avouez que le foyer étoit entouré & furmonté par la mer, ne devoient avoir effectivement d'autre voie d'éruption que le vomiffement & l'élancement en l'air : auffi dans la prodigieufe quantité de leurs matières jetiffes aura-t-on bien de la peine à trouver les veftiges de quelques layes coulantes.

differentes, que leurs torrens bouillans
eux-mêmes, n'ont pu tomber dans l'eau
fans y être éparpillés avec explofion nouvelle, grannulés, figés & trempés très-
dur comme la dragée à giboyer? L'on
ne peut en douter ni s'y méprendre, en
voyant les grandes montagnes graniteufes
de l'Auvergne recouvertes de cette dragée
encore détachée, pulvérulente & de toutes
couleurs; aride, perlée, vitreufe, py-
riteufe, & quelquefois métallique; en
voyant que ce font indubitablement les
élémens difcrets du granit & de la maffe
concrete qui eft deffous (*): en voyant

(*) On conçoit que cette pluie, ou plutôt
cette grêle momentannée n'a pu tomber que
fur des bas-fonds, & n'a pu tuer ou enfe-
velir inopinément que les plus petites efpèces
d'animaux marins; qu'au moins fur le rivage
elle en a trouvé de nouveau à chaque éruption; & qu'entre tous il n'y a que les tef-
tacés dont la forme & la matière aient pu
fe conferver affez pour être encore fenfibles
aujourd'hui.
On fent très-bien auffi que ces amoncellemens, faits tant au-deffous qu'au deffus de
la furface de la mer, ont pu refter longtemps,
& même jufqu'à préfent, en pouffière, en

(118)

encore ces remparts éternels de bafalte
qui les furmontent; & qui par cette feule
raifon ne font pas, comme on le croit
généralement aujourd'hui, la lave en coule
ou échappée du volcan. Ils ne pourroient
être tout au plus que fon laitier furpris
dans le creufet par la prompte extinction
de ces feux, & comme vous dites très-
bien, par la prompte retraite de la mer:

---

grains & en morceaux détachés; qu'il leur a
fallu pour s'accrocher & fe durcir en maffes
concretes, le même temps & les mêmes circonftances qu'à tous les autres élémens des
minières en général pour fe pétrifier; mais
avec cette exception & cette particularité que
vous remarquez fort bien en ma faveur, qu'au
lieu de lits & de bancs diftincts ou réguliers,
il y a fimplement des fentes & des gerfures,
effet unique & néceffaire des taffemens, des
éboulemens & de la deffication, bien plutôt que
de la confolidation générale d'un verre fondu.
Ainfi ces maffes, quoiqu'elles fuffent une
efpèce de création nouvelle & fort étrangère
à tout le refte, ont dû fouffrir, de la part des
eaux fuyantes, les mêmes déplacemens & arrachemens que tous les autres dépôts médiats
ou immédiats de la mer. Sans quoi, & dans
votre opinion fur - tout, il feroit impoffible
de concevoir comment dans les Vofges & dans

mais j'ai de fortes raifons pour ne les
confidérer que comme les fondemens,
les parois, le fourneau ou le creufet lui-
même; formés de matières argileufes qui
n'ont fubi qu'une grande expenfion par
la chaleur humide, & enfuite une grande
contraction par le froid fec; feules caufes
de cette organifation ou articulation prif-
matique qui a fait tant de bruit : ce font

---

le Cantal elles fe trouvent fillonnées & pour
ainfi dire fciées à pic fur cinq ou fix cents
pieds de hauteur continue, précifément de
la même manière que les maffes calcaires le
font dans le Jura ; & uniquement par la rapidité & pour le feul paffage d'un torrent qui
exifte encore en partie ; torrent qui, une lieue
plus loin, a la complaifance de faire un faut
de quatre-vingt ou cent pieds, pour ne pas
entammer un banc feuilleté de pierres encore
tuffeufes & molaffes, & qu'on peut cependant
affurer être plus folides aujourd'hui, que ne
l'étoient celles du goulet lorfqu'elles ont cédé
à la même force. Je ne crois pas que l'éter-
nité de votre roche folaire & graniteufe puiffe
réfifter à cet argument.

Il fera encore aifé de comprendre, fi je ne
me trompe moi-même en jugeant d'après nos
petits volcans modernes, comment de grandes
forêts jonchées d'arbres énormes ont pu être

des briques , en un mot , qui ont reçu leurs formes par la contraction & la deſſiccation lorſqu'elles avoient encore un certain degré deductilité , & qui n'ont acquis que par la ſuite cette grande dureté dont les matières incendiées , les argiles ſur-tout, ſont bien plus ſuſceptibles que ne le ſeroit

renverſées , brûlées & enterrées tout à la fois, par conféquent étouffées & charbonnifiées avant que d'être pétrifiées ou diſſoutes : en remarquant ſur-tout que dans les pays élevés ce charbon foſſile eſt entouré & recouvert immédiatement par le granit, que dans les contrées inférieures il l'eſt par des veſtiges d'autres matières viſiblement incendiées, ſous une plus ou moins grande épaiſſeur de nouvelles alluvions. Je ſçais que c'eſt à peu près de la même obſervation que vous tirez une de vos plus fortes preuves : mais j'ai beau me tourmenter, je ne puis concevoir le fait chez vous qui n'avez encore pour cela qu'un agent unique, un ſeul & même feu pour produire & pour détruire. Tant que votre verre univerſel étoit brûlant, il étoit impoſſible qu'il y eût la moindre choſe à brûler, encore moins des buchers auſſi immenſes que ceux dont il s'agit. Il y avoit donc des végétaux avant qu'il y eût du granit : le granit n'eſt donc pas la matière pure du ſoleil.

aucune

aucune matière déjà vitrifiée comme la
lave. Je pourrois en donner des preuves
convaincantes, & montrer la lave fous les
formes qui lui appartiennent; mais cela
conduiroit trop loin, & feroit indifférent
à la question (*)

En effet, quand l'on ne voudroit pas

(*) Pour rendre ceci intelligible je vais
vous dire mon fentiment en abrégé. Je vois
toutes les matières volcaniques fous trois efpèces principales & très-diftinctes, quoique
très-variées.

1°. Celles qui font forties par élancement,
fi elles étoient en fufion, ont produit une
pouffière graveleufe, vitreufe, & qui, malgré
la trempe que leur a donnée l'attouchement de
l'air ou de l'eau, font reftées fujettes à fe dé-
compofer par feuilles; à moins qu'elles n'aient
été bientôt fcellées enfemble par une pétrification qui en aura formé toutes les pierres du
genre incorruptible des granits. Si elles étoient
en cendres elles ont été diffoutes & rendues
végétales bien plus promptement encore:
mais après une décompofition affez profonde,
ce qui en reftoit au deffous a dû être pétrifié, comme on le voit à Volvic qui préfente
moins une carrière, qu'une maffe unique &
générale de cendres durcies & parfemées de
fcories auffi légères qu'elles. Si elles étoient

F

encore reconnoître avec moi ces matières
graniteuses à une origine aussi vraisem-

---

indigestes, elles ont produit ces monceaux informes qui sont restés jusqu'aujourd'hui sans
avoir reçu aucun ordre ni arrangement.

2°. Celles qui n'ont fait que couler & rem-
per diffèrent entr'elles non-seulement par leur
nature, comme toutes les précédentes, mais
encore par la vîtesse, la durée & le volume
qu'avoit leur courant : il y a autant de variétés
dans leur état actuel qu'il y en a eu dans chacune de ces circonstances. Mais toutes portent
plus ou moins les marques du roullis, depuis
la forme de volutes parfaites qu'a conservée
celle qui s'est arrêté en chemin, jusqu'à la
simple ondulation, toute semblable à celle
d'un fleuve glacé, qui se manifeste encore
aux extrêmités de ce torrent enflammé : mais
toutes ont entraîné & enveloppé quantité de
corps étrangers au volcan ; toutes sont restées
friables, luisantes & assez légères : & pour
mieux dire, presque toutes si elles sont très-
anciennes ont été dissoutes par les intempéries seules, pour n'avoir jamais été propres,
comme les autres matières discretes, à admettre les sucs lapidifiques dans l'interieur de
leur masse, qui consolidée & lutée dès le premier instant, n'a pu acquérir de nouvelles
qualités.

3°. Celles que le volcan n'a pas eu le temps

blable ni à un fignalement auffi vrai, il
n'en faudroit pas moins convenir que les

---

de confumer ni de déplacer ; qui faifoient la
bafe & les parois des fourneaux & des che-
minées ; qui fans être réduites ni en verre ni
en cendre ont été brûlées, cuites, chauffées
à différens degrés, fuivant l'épaiffeur qui les
féparoit du brafier ; qui en cet état & à chaque explofion recevoient des commotions in-
teftines & générales ; qui par un long effet
de ces trémouffemens & des accès de cette chaleur, ont dû fe pétrir & fe comprimer au plus
haut degré, par conféquent gerfer, divifer,
mouler la maffe en compartimens qui doivent
être fymmétriques & réguliers toutes les fois
que ces caufes agiffent en grand : matières enfin
qui, de quelque nature qu'elles fuffent, & fur-
tout fi elles étoient d'argile, n'ont pu fe re-
froidir lentement après l'extinction du fourneau, fans fe contracter encore davantage ; &
n'ont pu recevoir enfuite le moindre gluten
lapidifique fans devenir la pierre la plus homogène, la plus compacte, la plus dure &
intraitable, la plus femblable au fer ; reftant
fur fa bafe inébranlable en colonnes furpre-
nantes par leur hardieffe malgré l'articulation
répétée qui tranche leur fût, malgré le ravage des eaux qui les a laiffées à découvert,
décharnées & ifolées de toutes parts.

Il ne paroît donc pas poffible de confondre

F 2

volcans en font la feule caufe ; puifqu'elles
conftituent un Pays tout entier (*) que
les volcans ont travaillé d'un bout à l'autre,
& qu'ils ont dénaturé de fond en comble
par la puiffance qu'ils avoient, & que vous
leur accordez vous-même, de vitrifier tout
ce qui étoit calcaire ; puifque les Vofges
où cette matière n'eft différente que pour
être un peu plus aglutinée (& l'on en fçait
la caufe) portent manifeftement auffi des
traces de volcans plus effacés, parce qu'ils
font plus anciens ; puifque dans toute la
Bourgogne, le Morvan qui eft le feul Pays
marqué inconteftablement par des indices
pareils, mais bien moindres, eft auffi le
feul où l'on retrouve de pareilles matières,
mais en moindre quantité ; puifqu'enfin,
comme il n'y a aucune de ces traces fur
le Jura, ni fur les autres montagnes de

---

ces trois efpèces de matières volcanifées, ni
entr'elles fous la vague dénomination de
laves, comme on l'a fait jufqu'ici ; ni avec aucun autre genre de pierre : l'efprit n'en eft pas
plus convaincu par ces raifonnemens que l'œil
ne le fera par les obfervations locales.

(*) La Haute-Auvergne & les Provinces
voifines.

Champagne & de Bourgogne quoiqu'in-
termédiaires, il n'y a non plus aucunes
matières vitrifiables ou comparables à
celles-là.

Ainſi ces granits loin d'être une matière ſolaire ou primitive, ſont évidemment ſubſtitués & très-poſtérieurs aux matières & aux pierres calcaires : on doit
voir que ce n'eſt qu'une des variétés de
la troiſième claſſe de pierres que j'ai appellées jetiſſes. On peut donc les donner
réellement pour un analogue des grès &
des rocs vifs, comme vous les donnez vous-
même : mais c'eſt dans un ſens & par
des rapports ſi différens, qu'il n'eſt pas
aiſé de concevoir comment nous pouvons
nous trouver d'accord en ce point ; vous
qui ne voyez dans des matières auſſi diſparates qu'un ſeul & même verre eſſen-
tiel, en maſſe ou en pouſſière ; moi qui,
ſans égard ni à leur nature ni à leur première origine, les confonds ici avec toutes
les dunes, même calcaires. Il faut convenir que cette oppoſition originelle &
abſolue qu'on s'eſt obſtiné de mettre
entre le calcaire & le vitrifiable a bien
rétreci nos idées, & retardé nos connoiſ-
ſances.

Il n'y aura donc plus à s'étonner ni
que de pareils amoncellemens & décombres gratineux & vitreux, venant à se ci-
menter comme nous le voyons, aient bravé
jusqu'ici la mer & toutes les causes des-
tructives des montagnes ; ni que leur nature soit restée un problême pour les Na-
turalistes, aussi bien que celle de quantité
d'autres roches vitrifiables que vous pourriez me montrer, bien différentes du granit, & peut-être même aussi homogênes
que le basalte ; lesquelles pour n'avoir pas
été dispersées & granulées dans l'eau, ou
pour être restées supérieures à la mer lors
de leur incandescence, n'en sont pas moins
des produits de volcans, mais immédiats
& plus purs. Il auroit donc mieux valu,
Monsieur, vous borner comme vous aviez
fait, à dire tout simplement que l'ancienne
matière du soleil fait encore la base & le
noyau de la terre, mais qu'elle est invi-
sible & par-tout ensevelie sous les dépouilles de la mer ; une autorité comme
la vôtre sur un fait qu'il étoit impossible
de démentir suffisoit pour le rendre recevable.

Quant à moi, je ne crois pas que les

plus hautes montagnes foient toutes ni entièrement formées, ni même toujours couronnées de granits. Je penfe au contraire
qu'elles font en général couvertes de pierres
calcaires, mais dénaturées quelques-unes
par les caufes accidentelles que nous ve-
nons de voir, & le plus grand nombre
par le feul effet néceffaire du temps &
des intempéries, qui les a infailliblement
calcinées, ou rendues réfractaires & mécon-
noiffables. Je remarque en effet malgré
moi que, depuis la mer actuelle jufqu'au
haut de ces montagnes, il y a une grada-
tion manifefte dans la durefaction générale & dans la détérioration extérieure
des pierres calcaires, non fuivant leur
âge, mais fuivant la date de leur émerfion & de leur expofition à l'air. La craie
qui fait la bafe de la Picardie & de la
Champagne, n'eft certainement découverte & defféchée que depuis ma dernière
époque : par cette feule raifon elle eft réputée d'une formation plus ancienne que
les pierres de Bourgogne & les marbres
de Franche-Comté qui d'ailleurs font évidemment de même nature qu'elle. C'eft
donc auffi la feule raifon qu'on puiffe

donner de ce que cette matière eſt encore
non - ſeulement ſi tendre dans toute ſon
étendue, mais ſi ſemblable à elle-même
dans toute ſon épaiſſeur, & ſi peu dénaturée dans ſes premières couches : tandis
qu'en remontant à d'autres Pays & à
d'autres époques, on la trouve de plus en
plus minéraliſée & durcie dans ſa maſſe,
mais auſſi de plus en plus décompoſée ou
dénaturée dans ſes couches ſupérieures.

Si je dis cela en général, ce n'eſt pas
ſans connoître les exceptions & leurs cauſes ; ſans ſçavoir, par exemple, qu'à la
même hauteur dans la Brie, dans le Gâtinois, même dans la Picardie, c'eſt avec
cette même craie que ſe ſont formées les
meulières & d'autres pierres très-réfrac-
taires & très - dures : il ſuffit d'analyſer
la terre qui les couvre, ou qui les a évidemment recouvertes, pour expliquer ces
cas particuliers dont ſans doute aucune
de mes différentes régions n'a été exempte.
Je pourrois indiquer auſſi les particula-
rités qui, en d'autres endroits de la Flandre & du Boulonnois, ont, pour ainſi
parler, métalliſé & converti cette craie en
marbres, par bancs que j'ai ſuivis & re-

connus pour être abfolument les mêmes
fous ces deux natures qui paroiffent fi
oppofées. Je montrerois encore, fans tomber en contradiction, des maffes de granits & d'autres pierres vitreufes, même
précieufes, dans les environs, en Normandie, en Bretagne, à Guernefey, &c. & je dirois fans héfiter que ce font des veftiges cer-
tains, mais épars, de volcans dont la
fcene, entierement effacée ou enlevée jufqu'à la racine, a exifté autrefois fur quelques-uns des étages fupérieurs; car il
feroit abfurde d'affurer que ces contrées
ont toujours été exemptes de ce fléau général, ou qu'elles ont toujours été plus
baffes de deux à trois mille toifes que
tant d'autres (*), ou qu'il n'y a jamais

(*) On pourroit affurer au contraire que
la hauteur des terres a été généralement, ou
à peu près la même; que fur toute la furface
du continent elles font aujourd'hui plus baffes
qu'elles ne l'étoient avant leur émerfion; &
que l'épaiffeur des couches, qui en ont été
arrachées à chaque époque eft par-tout (leur
réfiftance & toutes chofes fuppofées égales
d'ailleurs) proportionnelle à la hauteur dont
la mer les couvriroit aujourd'hui, fi elle étoit

eu de volcan là où il n'en reste pas des
traces pareilles à celles de l'Auvergne.

Si j'ai d'ailleurs attribué aux volcans
toutes les grandes masses de matières graniteuses & vitrifiables, je suis bien éloigné de donner la même cause à tout ce

encore au même niveau d'où elle s'est pré-
cipitée alors ; par conséquent proportionnelle
aussi à la distance de ses différens points de
départ. Une masse fluide dont le cours & le
volume sont fixés, doit effectivement doubler
de puissance & d'effet après un trajet double,
par son action successive & répétée deux fois,
quand même il n'y auroit aucune accéléra-
tion. Ce fait & ce raisonnement seront con-
firmés, autant qu'ils peuvent l'être, par tous
les nivellemens & toutes les observations que
l'on fera depuis le centre des continens jusqu'à la mer.

On verra, par exemple, que les Alpes,
le Jura, les Monts du Comté & du Duché
de Bourgogne, ceux du Gâtinois, de la Beauce,
du Maine & enfin de la Bretagne, sont tous
presque en ligne droite & en pente uniforme
vers l'Océan : on observera la même chose
en allant des Pyrénées à la Mer d'Allemagne.
Et l'on verra aussi que chacun de ces Monts
est à son tour, comme celui de Saint-Gothard,
le sommet de plusieurs autres échelles versant

qu'il y a de vitreux fur l'enveloppe
de la terre. Je reconnois, par exemple,
le filex pour avoir eu une génération
propre, très-différente de celle-là & de
celle auffi que lui donnent la plupart des
Naturaliftes; tous les fables vitrifiables

de même en tous fens; mais plus courtes &
moins régulières, parce qu'elles font, comme
je l'ai montré, l'effet de caufes inférieures
& moins générales. De forte que, quoiqu'il y
ait eu fur la Bretagne des terres auffi hautes
& fans doute auffi folides que fur la Comté;
elles doivent aujourd'hui fe trouver, & elles
fe trouvent effectivement emportées & rafées
à mille ou quinze cents pieds plus bas.

De ce que la Comté moins dépouillée que
la Duché l'eft cependant plus que la Suiffe,
qui elle-même l'eft encore plus que les Alpes,
& de cette différence progreffive & générale
dans le ravage des eaux, il feroit poffible de
conclure non-feulement le lieu où elles fe
font féparées pour commencer à agir, mais
encore la quantité de leur action, c'eft-à-dire
la hauteur abfolue d'où elles font tombées:
ce qui, par une fuite d'obfervations & de conféquences purement mathématiques, pourroit
jetter un grand jour fur la queftion non moins
importante que j'ai laiffée ci-deffus à réfoudre. *Voyez la Note page* 100.

pour être un *detritum* tant des filex que
des granits détachés & détruits par le roulement des flots; les grès pour être une
fimple concrétion poftérieure de ces mêmes
fables, comme les granits d'où ils proviennent en partie étoient déjà eux-mêmes
une concrétion des matières jetiffes &
fondues des volcans (*) &c.

Je fuis frappé autant & peut-être plus

(*) J'infifte fur ce fait parce qu'il me paroît auffi décifif qu'inconteftable. Je viens de
le vérifier encore avec grande attention, en
parcourant les Vofges de long en large & de
haut en bas. Les granits les plus tendres, les
plus informes, & cependant les plus homo-
gènes, forment la couronne fupérieure parce
que lors de l'éruption des volcans elle étoit
à fec. L'on reconnoît en defcendant la hauteur que la mer baignoit alors, & où elle a
commencé à tremper la pluie de feu qu'elle
recevoit. Là font vifiblement les pierres qui
ont le grain le plus gros & le plus dur;
comme la matière la plus pefante qui a été
lancée le moins loin, trempée le plus à chaud,
puis enchaffée dans une incruftation lixi-
vielle, cryftaline & quartzeufe, qui a encore
porté la même pétrification bien au-deffous
des matières jetiffes, & jufques dans les terres
calcaires. Plus on s'éloigne du cratere (ou du

que vous des traces innombrables que le
feu a laiſſées depuis la ſurface de la terre
juſques dans les mines les plus profondes;
& je ſuis bien perſuadé que tout ce qui
nous en reſte n'eſt encore rien en comparaiſon de ce qui a été effacé & détruit
par lui-même & par le ravage ſubſéquent

---

lieu où l'on doit le ſuppoſer, car ils ſont
preſque tous arrachés & méconnoiſſables) plus
on voit cette pierre diminuer de grain & de
tenacité, juſqu'à être compoſée d'un quart ou
d'une moitié de cendres. Enfin à l'extrêmité
des côteaux, & à la diſtance de quatre, cinq
& ſix mille toiſes, ce ne ſont plus que des
cendres plus ou moins mêlées de ſable & de
terre ſans aucune apparence de matières fondues, litées en bancs de pierres tendres, po-
reuſes, vitrifiables & preſque ſemblables à
l'incomparable pierre de Volvic qui n'en dif-
fere que parce qu'elle eſt de cendres pures
ſans terre, & par cette raiſon ſans délit,
comme le granit le plus vif. L'influence de ces
volcans ne s'eſt pas borné là : les nuages de
cendres plus légères, portés par les vents ré-
gnans du ſud-oueſt, ont couvert & inondé
toute l'Alſace juſques par-delà le Rhin; mais
entre-mêlées dans une heureuſe proportion au
limon de la mer qu'elles précipitoient avec
elles, & qui eſt ſurvenu depuis, elles font

des eaux : mais je n'en vois point qui
ne foient évidemment les effets d'un feu
poftérieur à la mer & agiffant toujours
fur des productions marines. Et c'eft là
le point fondamental de ma critique &
de mon fyftême.

Du refte, Monfieur, voilà en abrégé
l'origine, la conftitution & la figure ac-

---

encore aujourd'hui la fertilité furprenante de
ce Pays ; comme en Auvergne elles font
bien certainement auffi celle de la Lima-
gne, qui eft fous le même vent.

Si donc le rocher qui furmonte ainfi de
quatre mille toifes la mer actuelle, & de deux
mille toifes la plus haute mer qui ait jamais
été poffible dans votre fyftême ; fi ce rocher,
dis-je, eft néanmoins une production marine femblable à tant d'autres rochers déna-
turés foit par la caufe que je viens de montrer, foit par une longue expofition à l'air ;
s'il n'eft pas même de granit par-tout, comme
je le préfume encore ; vous conviendrez que
c'eft un argument bien décifif tant pour ma
théorie que contre la vôtre. Or ce fait eft
auffi aifé qu'intéreffant à vérifier ; & je con-
fens d'avance que le noyau de la terre foit
alors déclaré de même nature & origine que
cette corne la plus élevée du globe.

tuelle de la terre fuivant mes principes (*).
S'il y a beaucoup de reffemblance dans
la defcription, il y a auffi, comme vous
le voyez, beaucoup de différence dans
l'explication & dans les caufes que vous
en donnez. Mais des monumens incon-
teftables me forcent encore plus que mon
hypothefe à faire fortir la terre des eaux
toute entière, fucceffivement, par amphi-
théâtres, & fur-tout par gradins plus &
moins élevés; fans peut-être qu'elle ait
augmenté pour cela en furface, au moins
en habitation, parce que je fuppofe que
d'anciennes terres étoient enfevelies à chaque accroiffement, & que ce qui en reftoit devenoit inhabitable par le froid ou
la ftérilité; ce qui renouvelloit la face de
la terre fans l'agrandir. Mais après avoir
dépouillé les gradins inférieurs cela les

(*) Sans parler de fubmerfions poftérieures
& paffagères que je reconnois encore avoir
eu lieu, que j'attribue à des marées extraordinaires caufées fans doute par l'approche de
quelque grande comete, & qui ont vifiblement émouffé & défiguré bien des témoins
qui fans cela feroient plus parlans.

recouvroit aussi toujours de terres déplacées, délayées, chariées, & par conséquent plus légères ; sous lesquelles la terre
vierge, locale & bien meilleure se trouve
presque toujours ou pétrifiée, ou impré-
gnée par la lessive minérale des couches
qui la couvroient autrefois, ou du moins
condensée en ce qu'on appelle les marnes ;
tandis que le peu de terre qui est resté
sur les premiers gradins, comme à sa place
natale, y montre encore une force de con-
sistance & de végétation incomparable-
ment plus grande, & capable seule d'expliquer, d'une manière bien plus plausible
& plus naturelle que la vôtre, ces productions gigantesques que vous attribuez
avec raison aux premiers âges de la nature (*). C'est en cela & en tout ce qui

(*) Voyez les plantes, voyez les bœufs
de la Suisse ; & jugez de ce que ce feroit, si
la terre y étoit encore toute neuve, & sur-
tout si le baromêtre y étoit plus haut de deux
& trois pouces comme autrefois. Quelques
merveilles qu'on nous raconte de la fertilité
du limon que le Nil dépose sur la basse Egypte ;
assurons hardiment qu'il avoit bien plus de

se rapporte néceſſairement à notre matière première, que je m'écarte le plus de
votre coſmographie générale. Quant aux
obſervations & aux deſcriptions particuli-
lières, je les admire & je les adopte preſque toutes. Cependant j'y remarque encore quelques points aſſez importans ſur
leſquels je ne puis être d'accord avec
vous. Il y en a deux entr'autres qui feront
le ſujet de mes deux dernières objections.

VIII.

E N parlant des Mers Méditerranées
vous penſez & vous aſſurez 1°. que la
Méditerranée n'étoit originairement qu'un

___

force encore ſur les Montagnes de Nubie d'où
les eaux l'ont enlevé, & qu'il l'y auroit con-
ſervée bien plus longtemps, ſans toutefois la
manifeſter à cauſe de la froidure actuelle du
climat. Voyez combien eſt précaire & paſſa-
gère la fécondité de ces nouvelles terres, qui
ont dû être déplacées & lavées mille fois;
quelle différence entr'elles & le terreau natif!
Pour affamer cette fertile Egypte il ſuffiroit
que le débordement du Nil lui manquât deux
années de ſuite.

Lac bien plus bas & plus petit qu'il n'eſt ;
& qu'il a fallu une rupture des terres vers
Gibraltar, & une irruption de l'Océan
pour le remplir & en former une Mer.
2°. Qu'ainſi que l'ancienne Mer Caſpienne,
elle ne reçoit pas du Continent autant
d'eau que l'exigeroit ſon étendue, & que
pour l'entretenir pleine il faut encore que
l'Océan lui en fourniſſe continuellement
par le détroit.

Si le premier fait eſt vrai, toutes mes
idées ſont renverſées, tout ce que j'ai dit
ſur l'établiſſement de la Mer eſt faux ; &
votre théorie ne feroit pas plus ſoute-
nable que la mienne. Car enfin la Mer
eſt deſcendue du haut des Alpes & des
Monts de la Lune. Que ce ſoit lentement ou rapidement, il n'importe ; elle
n'a jamais pu laiſſer entre ces Monts un
Lac plus bas qu'elle même. Je n'en connois & n'en admets aucuns de cette eſpèce
dans la nature : paſſés ou préſens, tous
ſont deſſéchés ou entièrement ou en grande
partie, parce que tous ſont reſtés fort
ſupérieurs à la mer ; ſi ce n'eſt quelques-
uns dans ſon voiſinage qu'elle entretient
à peu près de niveau & par filtration

s'ils ne reçoivent aucunes eaux d'alen-
tour, fans avoir jamais befoin de faire
irruption dans fes bords ; attendu que fes
filtrations feules feroient avec le temps
toujours fuffifantes, & proportionnelles
tant à la fuperficie du Lac qu'à fon évaporation. J'ai vu, par exemple, la Moëre
de Flandre ; j'en ai fait le tour ; elle ne
recevoit pas une feule rigole fenfible de
la campagne qui eft parfaitement plate,
& cependant elle étoit encore de beaucoup fupérieure à la baffe Mer ; l'art feul
a pu la faire baiffer au-deffous. Le Lac
de la Méditerranée, s'il étoit fermé comme
vous le dites à Gibraltar, a donc dû au
contraire refter beaucoup plus haut qu'elle,
& y faire lui-même cataracte & irruption.
Cette conféquence devient bien plus néceffaire quand vous avancez avec une
très-grande probabilité que par la rupture
du Bofphore, il a reçu lui-même l'irruption du Lac de la Mer noire qui étoit
bien plus élevé encore, & qui, felon mes
conjectures & les vôtres, étoit auffi grand
que l'eft la Méditerranée entière, réunif-
fant alors la Cafpienne, l'Aral, & cou-
vrant un immenfe Pays. Vous ne pou-

vez donc pas vous difpenfer de faite ces
deux irruptions l'une caufe de l'autre, à
la même époque, au moins dans le même
fens toujours à l'oueft : fi vous réfléchif-
fez fur - tout que la dépenfe des Fleuves
qui coulent par ces Lacs au détroit de
Gibraltar n'eft plus rien en comparaifon de
ce qu'elle a été, à plus forte raifon de ce
qu'elle étoit lors du dernier établiffement
des Mers, de quelque manière différente
que vous & moi le concevions.

Le fecond fait, quoique foutenu par
bien d'autres Auteurs que vous, me paroît
tout auffi incroyable. Il me femble même
que vous devez l'admettre moins que
moi, vous qui enfeignez que la Mer générale ne perd rien ; que la pluie directe
d'une part & l'embouchure des Fleuves
de l'autre lui rendent tout ce que l'évaporation peut lui ôter; & que fa furface
eft cependant plus que double de celle
des terres. Direz-vous donc que la furface de la partie du Continent qui verfe
dans la Méditerranée depuis le fond de
l'Ethiopie jufques près de Mofcow n'eft
pas moitié de la fienne ? Cela ne feroit
pas foutenable. Direz-vous que la pluie

eft moindre ou l'évaparation plus grande
fur cette Mer que fur les autres? Je de-
manderai de combien, j'accorderai tout
ce que vous voudrez à cet égard, puis je
vous prierai de calculer : mais fans at-
tendre le réfultat j'ofe avancer que le Nil
& le Rhône feuls, qui ne font pas le
tiers de la recette de cette Mer, font là
en plus grande proportion que tous les
Fleuves de la terre dans la Mer générale.
Et je fuis fûr que vous ferez vous-même
frappé de la conféquence inouie qu'il faut
inévitablement tirer de votre thefe: c'eft
qu'une partie du globe, égale au moins
à l'Europe entière, non-feulement ne con-
tribueroit en rien à l'entretien de la Mer
univerfelle, non-feulement ne lui rendroit
rien de ce qu'elle lui coûte journellement;
mais feroit encore pour elle un fujet de
dépenfe continuelle, & même prodigieufe
fi l'on en croit les apparences & les rapports fur lefquels vous jugez. Pour moi,
avant même de réfléchir férieufement fur
cette opinion, je la mettois au nombre
des préjugés accrédités par le temps, mais
prêts à s'évanouir. Effectivement il m'a
toujours répugné ; & il doit répugner à

bien d'autres d'entendre dire que la grande
Mer verfe & coule fortement & continuellement dans les terres, dans un cul-
de-fac, & à la rencontre de grands Fleuves
qui defcendent de l'Europe, de l'Afie &
de l'Afrique.

Je ne puis croire non plus que la Mer
Cafpienne refte, auffi merveilleufement
que vous le dites, en balance exacte de
recette & d'évaporation. Je penfe qu'elle
eft toujours fupérieure, & qu'elle a des
décharges fouterreines fi ce n'eft dans le
Golfe Perfique, comme quelques-uns l'ont
déjà penfé, au moins dans la Mer noire
qui n'en eft féparée que par des fables
mobiles & filtrans : fans quoi je ne fçau-
rois que répondre à ceux qui me foutien-
droient que c'eft auffi par l'évaporation
que le Rhin eft réduit à ne pouvoir pas
arriver jufqu'à la Mer.

Vous me direz que les meilleures raifons ne peuvent rien contre les faits ; mais
vous n'ajouterez pas que, comme moi,
vous tiendriez la chofe pour impoffible fi
elle n'étoit pas vraie ; car, à la manière
dont vous la confirmez & l'expliquez, on
concluroit au contraire que quand même

cela ne feroit pas cela devroit être. Cependant toutes les preuves que vous en
avez fe réduifent au rapport que les Voyageurs font d'un courant venant conftamment de l'Océan dans le détroit de Gibraltar. La curiofité fur un phénomene
auffi intéreffant m'a fait faire toutes les
queftions & les informations qui étoient
à ma portée. Mais la plupart des fimples
Patrons font convenus avec moi de trois,
& quelques-uns même de cinq courans
concomitans & oppofés ; un fur-tout à la
Côte d'Afrique & un autre à celle d'Ef-
pagne, coulant fouvent à l'Oueft, mais à
des heures & avec des forces différentes
qu'ils connoiffoient & dont ils fçavoient
profiter. Ils m'ont avoué que le vent
d'oueft y étoit le plus fort & le plus
regnant ; qu'alors, même dans le reflux
de l'Océan, le courant à l'Eft étoit général & confidérable ; mais que par un
vent latéral ou oppofé les trois courans
fe rétabliffoient ; & que celui du milieu
même les emportoit quelquefois avec le
jufant depuis la hauteur d'Oran, trois
heures environ après la pleine Mer ; que
rarement à la vérité ils avoient le temps

de débouquer avant le retour du flot, &c.

J'avoue au contraire que presque tous les Voyageurs de quelque distinction, & que je devois croire plus éclairés, m'ont assuré comme à vous que le fait étoit vrai en général, irrévocable même & sans aucune exception ni de côte, ni de lieu, ni de saison, ni de vent, ni d'heure des marées; quoique je leur représentasse que je n'avois jamais vu d'étang, si pauvre qu'il fût, qui n'écumât au moins quelquefois.

Mais cela est trop fort. Il faut donc croire qu'il y a là de l'illusion; que ces mouvemens ne sont qu'apparens & à la superficie, attendu que la plus petite agitation dans le vaste Océan suffit pour la repousser très-rapidement dans ce petit goulet; & qu'il existe en dessous des courans plus violens & tout opposés, tels que ceux dont M. Deslandes vous a convaincu vous-même (*). Ou il faut dire

(*) Vous ne refusiez en 1734 d'admettre ce courant inférieur & opposé que parce que vous étiez très-persuadé qu'un pareil mouve-

que

que la Méditerranée n'eſt point un vrai
cul-de-ſac ; qu'elle ſe vuide par ces gouf-
fres que l'antiquité a tant célébrés ; ſinon
qu'au moyen de la ſuſpenſion qu'y opé-

---

ment de la Mer étoit impoſſible en général ,
& contraire à toutes les loix de l'Hydroſta-
tique : mais aujourd'hui que M. Deſlandes
vous a déſabuſé par des expériences convaincantes , je m'étonne que vous perſiſtiez ſi
fort à rejetter un fait dont la néceſſité me
paroiſſoit prouvée bien avant ſa poſſibilité.
Votre raiſon actuelle eſt donc que ce fait ,
quoique poſſible par-tout ailleurs , ne l'eſt pas
dans ce cas ci ; & qu'il y a une néceſſité abſolue pour que la Méditerranée ſoit continuellement fournie par l'Océan , parce qu'à
raiſon de ſa grande étendue , elle a trop peu
de rivières & trop peu de terres inclinées de
ſon côté. A cela je n'ai plus qu'une réponſe
à faire.

Suppoſons que ce peu de rivières & ce peu
de terres viennent encore à lui manquer ,
c'eſt-à-dire, qu'elle vienne à occuper elle-même
tout cet eſpace, & à tripler ainſi ſa ſuperficie :
alors ſa priſe d'eau à Gibraltar aura beſoin ,
ſelon votre calcul , d'être décuple au moins de
ce qu'elle eſt ; & comme vous l'eſtimez déjà
octuple de ce que lui fournit le Continent, il
faudra qu'elle ſoit alors quatre-vingt fois plus
grande. Elargiſſons encore la Méditerranée

G

rent l'action, le feul balancement & les vents continuels de l'Océan, elle rend à la Mer Rouge par des communications fouterreines autant & plus que l'autre ne lui fournit par le détroit. Mais fi cette

au centuple, & jufqu'à ce qu'elle couvre tout l'ancien Continent, en ne laiffant qu'un bourlet pour la féparer des autres Mers; quel incroyable réfultat nous aurons en calculant toujours de même! L'Océan n'y fuffira plus. Enfin enlevons ce bourlet, fupprimons tous les fleuves avec toutes les terres, & que la Méditerranée foit la Mer univerfelle : à coup fûr fon évaporation reftera proportionnellement la même que dans les trois fuppofitions précédentes; cependant elle ne pourra plus compter que fur la reftitution directe & immédiate des pluies, qui aujourd'hui n'eft certainement pas moitié de ce qu'elle reçoit en y comprenant le tribut des rivières : or, fi cette double voie de reftitution lui étoit auffi infuffifante que vous le prétendez, combien plus encore le feroit la première voie, fi elle reftoit toute feule! Cela me donneroit trop beau jeu dans notre controverfe fur la déperdition des eaux primitives. Je ne me déguife aucun des moyens que vous avez employés, de ceux même que vous pouviez ajouter pour étayer votre opinion : mais tout cela ne me perfuade pas.

option ne vous paroît pas tout-à-fait ridicule, je n'en ferois pas moins honteux
de n'avoir plus ici en ma faveur que le
dernier membre de cet argument ; quoique je l'aie employé avec autant de confiance que de bonne foi, en parlant de la
Mer Cafpienne.

I X.

IL y a encore, felon moi, des erreurs
ou des illufions dans ce que vous dites
fur les Caps méridionaux. Croyant que
votre théorie exigeoit que les premières
eaux arrivaffent des Pôles à l'Equateur,
vous pofez comme certain que les Pôles
fe font réfroidis les premiers ; quoique ce
fut la partie du globe la moins agitée &
la plus près du centre : & que l'Equateur a gardé fon incandefcence bien plus
longtemps, quoique plus éloigné; quoique
recouvert d'une couche liquide qui, dites-
vous, avoit déjà voyagé depuis le pôle,
(furtout le Pôle Auftral qui s'eft montré
le plus généreux *); quoique en outre

(*) La libéralité avec laquelle ce Pôle fe

G 2

tourmenté d'une force tellement réfrige‑
rente & diffipatrice, qu'elle en emportoit
felon vous la matière fondue elle‑même (*).
Sans doute que toutes ces caufes particu‑

---

dépouille plus que l'autre en faveur de l'Equa‑
teur, vous a paru commode pour mieux ex‑
pliquer la plus grande étendue de Mers qui
fe trouve fur l'Hémifphere Auftral. Mais re‑
marquez que cela eft auffi gratuit que furabon‑
dant ; d'abord , parce que vous avez donné
l'écroulement des cavernes primitives comme
caufe générale & fuffifante de l'établiffement
de la Mer ; enfuite parce qu'il n'y a que 50
ou 60 degrés , tant en Afrique qu'en Améri‑
que , auxquels cela pourroit être applicable :
tout le refte de l'équateur qui eft fous la Mer
auffi bien & plus certainement que le Pôle,
ne paroît pas avoir voulu en profiter, ni même
en gratifier à fon tour le tropique du cancer
qui n'eft guère plus continental que fon cercle
polaire.

(*) Je ne conçois donc pas comment
vous trouvez dans le feul renflement de l'Equa‑
teur la raifon pour laquelle il fe feroit réfroidi
à la furface bien longtemps après le Pôle.
Tout ce que je puis vous accorder, c'eft que
la fphère de l'incandefcence & de la chaleur
intérieure, au lieu d'être une fphère parfaite
fe balançant fous fon niveau, comme tout

lières de réfroidiffement ne vous ont pas
échappé ; mais vous les croyez détruites
par la chaleur & la préfence actuelle du
foleil fur cette zône ; tandis que vous dites

---

fluide doit le faire, feroit toujours reftée un
fphéroïde femblable à celui du globe même,
ayant comme lui fes deux diamêtres dans le
rapport conftant de 229 à 230 ; d'où il s'enfuit
que l'épaiffeur des couches extérieures, réfroi-
dies en même temps & au même degré, auroit
toujours été en même proportion à l'extrêmité
de chaque diamêtre, par conféquent toujours
plus grande au contraire fous l'Equateur. Et
tout ce que vous pourriez prétendre c'eft que,
le froid venant d'en haut, ces mêmes couches
auroient été de même épaiffeur par-tout : encore s'enfuivroit-il delà, & à plus forte
raifon de votre thèfe ; cette conféquence abfurde, que le feu terreftre en continuant de
fe refferrer, n'auroit pu fuivre que la même
progreffion : & que fon dernier retranche-
ment, qui devroit être effentiellement un
point central, feroit néceffairement une lame
très-mince dès aujourd'hui, pour être bientôt
percée tout-à-fait, & pour finir par un anneau
de 10 à 12 lieues de diamêtre. Quant à moi
je refte très-perfuadé au contraire, que c'eft
par les extrémités de l'axe qu'auroit dû s'élan-
cer en aigrette la dernière flamme fortie de
votre globe ardent ; comme étant la matière

G 3

ailleurs que l'atmofphere étoit impénétra-
ble même à la lumière jufqu'après la chûte
des pluies, d'où il faudroit conclure que

---

la moins en prife à la force centrifuge, fi ce
n'eft encore la chaleur fourde qui lui a fuc-
cédé.

Cherchez donc à expliquer autrement, non
pourquoi le Nord auroit été habité avant la
zone torride, car cela n'eft encore ni prouvé
ni probable; mais pourquoi il l'a été par des
animaux femblables & même plus grands que
ceux qui ne vivent aujourd'hui que dans le
midi; ce qui eft bien différent, & ce que l'on
ne peut guère vous contefter. Vous avez, ce
femble, un grand moyen pour cela. Nous
autres qui penfons que le foleil par fa chaleur douce, variée, intermittente, a été de
tout temps le pere de toutes les productions
animales & végétales forties du fein de la
terre, nous ne pouvons expliquer leur dif-
parition & leur abâtardiffement que par l'âge
& par l'altération de ces deux agens. Mais
vous qui donnez d'abord à la Terre feule, &
à un degré infiniment fupérieur, la double
faculté de génération & d'incubation, fans
que le foleil ait pu en être même le témoin
(car à coup fûr il n'étoit vifible pour aucune
partie de la terre tant que la zone torride étoit
bouillante, fumante & inhabitable; & quand
il l'eût été pour les terres polaires, c'eût été,

c'eſt le Pôle qui auroit au contraire joui
le premier du ſoleil.

Mais quand j'accorderois des ſuppoſi-

---

fous une atmoſphère auſſi denſe, une pré-
ſence bien plus inutile encore qu'elle ne l'eſt
aujourd'hui); vous pouvez dire que les choſes
n'ont ainſi changé que depuis que le ſoleil
s'en mêle, depuis que la terre adulte a eu
beſoin d'un époux, enfin depuis que la nature vivante languit ſous un très-foible fourneau au lieu de s'agiter ſur un très-ardent.
Il n'y a pas de différence, ſi prodigieuſe
qu'elle ſoit, entre les premières & les dernières races qu'on ne puiſſe expliquer par-là:
il y auroit ſeulement à s'étonner qu'il pût
nous reſter aujourd'hui quelque trait de comparaiſon entre deux natures auſſi diſparates
& auſſi éloignées; s'il n'eût été fourni par
une troiſième nature intermédiaire & gra-
duelle, dans un temps moyen où ſans doute
elle participoit aſſez également du pere & de
la mere, c'eſt-à-dire des deux fourneaux cé-
leſte & terreſtre.

Mais vous direz tant qu'il vous plaira qu'aujourd'hui encore la chaleur du ſoleil n'eſt rien
en comparaiſon de celle de la terre toute
épuiſée qu'elle vous ſemble; & qu'il n'y a
qu'un trente-deuxième de différence entre le
plus grand chaud de nos étés & le plus grand
froid de nos hivers, par conſéquent entre la

tions auffi gratuites & l'affluence la plus
rapide des premières eaux auftrales à l'équateur, ce ne feroit jamais fur la preuve uni-

---

plus grande & la moindre puiffance du foleil :
aux yeux du vulgaire & au fens commun qui
ne fe piquera jamais de connoître ni le premier ni le dernier degré poffible de la chaleur, ni les pas de l'échelle que vous en
donnez ici, cette différence paroîtra être du
tout au tout. Je fçais cependant bien que
dans le plus grand de nos froids il refte encore beaucoup de chaleur aërienne & con-
centrée ; & j'accorde que c'eft en partie celle
de la terre même, telle qu'elle peut fe porter
à pareille diftance de fon foyer : mais vous
accorderez à votre tour que tout périroit avant
fix mois, s'il n'y avoit plus que cette feule
partie de chaleur ; fi la préfence du foleil
toute furtive, toute oblique, toute impuif-
fante qu'elle eft alors, venoit à manquer ab-
folùment, & à permettre au froid extérieur
d'exercer librement fon empire. Il faudra
donc auffi convenir que non-feulement pour
les fçavans & pour le vulgaire, mais encore
pour toute la nature animée, il n'y auroit
pas moins de différence du foleil toujours
préfent au foleil toujours abfent, que de la
mort par le chaud à la mort par le froid.
Si par un pareil argument du tout à rien
vous pouviez montrer également dans la terre

que que vous nous en donnez, fur la direction au fud que femblent affecter tous
les Caps & toutes les pointes des Continens. Je fuis fi étonné de vous voir employer cet argument, que fi j'en cherchois

---

une chaleur ou une vertu productive & ex-
clufive ; tout ce qu'il y auroit à en conclure,
c'eft que dans le fyftême apparent de la nature elle peut jouer un rôle égal à celui du
foleil : mais jufques-là, & tant que je verrai
qu'une caiffe de terreau fufpendue au foleil &
au fommet du plus haut clocher, porte naturellement d'auffi beaux fruits, d'auffi belles
fleurs que fi elle étoit dans le bas en femblable expofition ; tant que je verrai briller la
nature végétale & animale fur des terres qui,
même pendant tout l'été, reftent fcellées &
portées à quelques pieds de profondeur par
une couche de glace générale ; forcé par ce
raifonnement, tout trivial qu'il eft, loin de
réduire l'influence du foleil autant que vous
le faites ; je dirai qu'elle eft incomparable-
ment plus grande que celle de toutes les qualités centrales du globe, dans le grand œuvre
de la génération & de la confervation des
êtres fenfibles, objet principal de notre attention & de notre controverfe : & je croirai
qu'elle a toujours eu la même prépondérance
dans tous les âges de la terre.

G 5

contre votre thefe, il me feroit impoffible
d'en trouver un plus fort (*). Les yeux
doivent fervir ici bien plus que le raifonnement ; & c'eft, à mon avis, une de ces chofes fi évidentes qu'elles font fans preuves,
parce qu'on n'en a jamais cherché ni de-
mandé. S'il en faut cependant, je dirai que
la terre ferme, fur-tout celle de vôtre
compofition, ne peut être ainfi deffinée
vers le Sud que par les parties qui en ont
été féparées ; qu'il n'y auroit point de Caps
s'il n'y avoit point de Golfes ; que les
Golfes montrent donc, bien mieux que
tout le refte, les changemens furvenus &
les pièces emportées ; que ces pièces n'ont
fûrement pas été enlevées de bas en haut
par-deffus le Continent qui eft lui-même
toujours en montant ; conféquemment que

_____

(*) L'on voit avec quelle habileté vous
fçavez trouver des preuves par-tout & même
dans les contraires. Ici ce font les courans
venant du Sud qui ont formé ces grands Caps
efcarpés au même Sud ; ailleurs, vous dites
que c'eft le courant général venant de l'Eft
qui a fait enfuite tous les efcarpemens que
nous voyons du côté de l'Oueft. *Voyez la
page 37 & fa Note.*

fi les eaux en font la caufe, comme il n'y
a pas de doute, ce font bien certainement
celles qui defcendoient au contraire du
haut du continent pour fe précipiter dans
l'abyme avec tout ce qu'elles entraînoient.

Qui eft-ce qui ne voit pas en effet que
ces Golfes font encore, non pas l'entrée,
mais la fortie, l'embouchure & le refte
de ces grands & anciens courans qui
étoient déterminés & forcés, comme je
l'ai dit, par ces chaînes de Montagnes
qui aboutiffent encore aujourd'hui à la
pointe des mêmes Caps (*) ? Qui eft-ce
qui ne voit pas que c'eft l'image en grand,

_____

(*) Ou les eaux polaires ont trouvé en
arrivant ces terres avancées déjà exiftantes
(ce que votre théorie ne permet pas de dire) ;
& dans ce cas elles ont heurté contre elles,
comme fait aujourd'hui la marée fur nos côtes,
en comblant plutôt qu'en creufant les golfes,
en émouffant plutôt qu'en aiguifant toutes les
pointes. Ou bien elles les ont remuées auffi-tôt
que formées, & les ont chariées tout de fuite
avec elles ; or elles n'ont fûrement pas affecté
de les dépofer ni en pointe toujours s'élargif-
fant, ni en contre-pente toujours montant
jufqu'à l'Equateur, fi les loix de l'Hydrauli-
que étoient les mêmes qu'aujourd'hui.

mais parfaite, de nos courans & de nos
Fleuves actuels qui ne se jettent à la Mer
les uns à côté des autres, qu'en s'élargis-
sant, en aiguisant par conséquent les côtes;
& formant des presqu'isles pointues plus
ou moins, suivant la distance & la nature des terres qui les séparent? Enfin, si
ces Caps tranchés au Midi sont une preuve
de grands courans arrivés du Sud à l'Equateur, le saut de la Niagara doit-prouver
aussi évidemment que cette rivière a
coulé autrefois en sens contraire, en remontant du Lac Ontario dans le Lac Erie.

C'étoit donc à moi, si j'en avois eu
besoin, d'employer ce fait qui me frap-
poit aussi bien que vous depuis longtemps,
comme la preuve & l'explication de la
retraite des eaux du continent dans les
abymes qui se font ouverts principalement au Sud, & par-tout où les volcans
avoient le plus dévoré la terre : car il y
a bien d'autres Caps que ceux-là; & s'ils
font moins remarquables, ce n'est pas parce
qu'ils font dirigés ailleurs qu'au Midi,
mais parce qu'ils aboutissent à des Mers
plus petites qui ont attiré moins d'eaux &
causé moins de ravages.

Et fi, à Mer égale, les caps tournés au Midi paroiffent les plus faillans ; j'en ai donné la meilleure raifon poffible, en montrant qu'ils font les reftes ou les prolongemens de ces premiers traits, & de ces grandes arrêtes qui alloient d'un Pôle à l'autre. Ils ont dû par conféquent réfifter bien davantage à la fureur des flots, tant parce qu'ils étoient les plus élevés, les plus anciennement pétrifiés & les plus folides ; que parce qu'ils fe font toujours trouvés abriés derrière des maffes femblables, paralléles & prefque toujours fupérieures aux plus grands courans ou torrens marins (*).

_____

(*) Vous en voyez une preuve bien complette dans la pointe de l'Amérique. Elle n'eft la plus faillante & la plus avancée près du Pôle, que parce qu'elle tient à l'arrête qui eft reftée la plus longue & la plus élevée de toute la terre : fi élevée & tellement continue, que fi elle a été entrecoupée par quelques anciens détroits, ces détroits étoient déjà à fec lors de ma première époque, au moins lorfque s'eft creufée la Mer Pacifique. De forte qu'elle a fait une barrière abfolue entre les eaux de l'Eft & de l'Oueft, pendant les convulfions refpectives qu'elles ont effuyées

CONCLUSION.

LE principe de ma Théorie, ou de mon *Hydrogée*, femble donc pouvoir être démontré plus rigoureufement que celui de votre ignition primitive, ne fut-ce qu'en argumentant précifément comme vous avez fait.

A PRIORI, par la formation univerfelle & inftantanée du Monde Planétaire & Co-

---

depuis ce temps. Cela eft démontré 1°. parce qu'il n'y a point eu de grands courans en travers, & par cette raifon point de Caps ni de Golfes apparens fur toute la côte occidentale; fi ce n'eft vers la Californie où la chaîne eft plus baffe, & qui étant d'ailleurs fous le Tropique boréal n'a pu être ainfi figurée par les eaux du Sud. C'eft donc, bien certainement, aux eaux du Pôle Arctique qu'il faut attribuer la Mer Vermeille & fa grande pointe que vous citez avec la même confiance que les autres Caps : & il faut auffi en conclure néceffairement que ce Pôle auroit agi tout au rebours de l'autre, & de la loi que vous leur faites à tous deux. Mais l'on feroit tenté de croire, en voyant fur-tout cette grande partie du monde, que c'eft au contraire l'Equateur qui s'eft dépouillé en faveur des régions polaires.

2°. Parce qu'il y a eu malgré cela une com-

métaire, réfultant d'un feul & premier fait; & par la forme du Sphéroïde qui n'auroit jamais eu lieu, fi la terre n'eût été originairement aqueufe. Il n'y a pas même néceffité chez moi, comme chez vous, qu'elle ait été entièrement liquide. D'ailleurs, l'Eau n'eft qu'une matière fondue,

---

munication indifpenfable entre les deux Mers, & qu'elle n'a pu fe faire que par l'extrêmité méridionale : cela eft atrefté, non-feulement par la Côte du Brefil & du Paraguay qui eft rongée & effilée au Sud-Oueft; mais mieux encore par l'état actuel de la pointe elle-même qui, quoique toute de rocher depuis le Cap de Horn jufqu'à l'Ifle Chiloé, préfente les plus grands arrachemens & déchiremens faits en travers par les eaux orientales, qui étoient forcées d'aller doubler ou cette pointe d'un côté, ou l'Ifthme de Californie de l'autre, pour retomber enfuite dans la Mer Pacifique. Cette Mer doit être moins ancienne que l'Océan, tant par cette raifon, que parce qu'elle eft prefque fans ifles découvertes; parce que fa formation fuppofe, comme on vient de le voir, que toutes les cordelières étoient defféchées bien auparavant; & parce qu'effectivement elles n'ont pu fe defsécher une première fois, que comme elles le font encore aujourd'hui, c'eft-à-dire en verfant toutes leurs eaux dans l'Océan.

aussi bien que la vôtre ; & vous conviendrez qu'elle est bien plus simple, & bien plus propre à passer pour originelle & pour génératrice, que votre *amalgame* de toutes les matières possibles, sans doute, mais déjà détruites & confondues en une seule par le feu ; dont par conséquent l'origine & la nature resteroient toujours inconnues, & dont la révivification telle que nous la voyons seroit le plus grand des problêmes.

AB ACTU, par le fait incontestable que l'eau continue actuellement encore à travailler, à produire de même, & à se convertir en terre ; quoique bien déchue de la fécondité qu'elle avoit, lorsqu'elle a commencé à être animée par le mouvement & par la chaleur. Argument bien plus recevable que ce sentiment actuel que vous nous supposez d'un feu central, qui ne seroit que le reste d'une première ignition ; & dont les effets seroient toujours sensibles, quoique toujours décroissans. Argument que je puise dans l'article le plus incontestable de votre doctrine, où vous avouez que, du moins les animaux & les végétaux, opèrent cette conversion de l'eau

avec une facilité & une promptitude étonnantes : quand vous refuseriez une pareille
faculté au regne minéral, ce qui seroit
incroyable, il me suffiroit des deux autres regnes pour rendre encore mon Hypothése plausible.

A POSTERIORI, par le signalement
présent, ancien, & indubitable de la Terre ;
& parce que, de tout ce qu'il nous est
possible de découvrir à sa surface & dans
ses entrailles, il n'y a rien qui n'ait été,
médiatement ou immédiatement, le produit ou le travail de la Mer ; jusqu'aux
grandes masses vitrifiables, qui ne font
qu'une décomposition & un ouvrage pos-
térieurs des incendies ; jusqu'aux filons
principaux des mines, que je veux bien
admettre avec vous comme des effets de la
sublimation, même d'une fusion réelle
s'ils se trouvent toujours, comme vous le
dites, dans des roches vitreuses qui elles-
mêmes ont été fondues ou brûlées par
les feux terrestres : mais quels autres &
quels monstrueux lingots ne nous offri-
roient pas ces filons, s'ils étoient les cou-
pelles où se feroit fait le départ des mé-
taux fondus, pendant l'incandescence to-

tale de votre globe! A ce compte, il y a
longtemps qu'il n'y auroit plus de fuſion
ni de ſublimation, & que la Nature *Minérale* ſe repoſeroit; elle, dans les mains
de qui toute la matière n'eſt qu'une ; elle
à qui le temps lui ſeul tient lieu de menſ-
trues, de feux & de fourneaux.

A Beſançon, le premier décembre 1779.

P. S.

ON vient, Monfieur, de me communiquer le Difcours d'un Académicien de
Peterfbourg (*), dont je ne puis me difpenfer de faire mention, en ce qui a rapport aux objets feulement que je viens de
traiter, & à nos Théories en général. Ce
fçavant & judicieux obfervateur de la
ftructure des Montagnes combat votre première opinion, fans connoître encore ni
les changemens, ni les additions, ni les
fameufes Époques que vous donnez dans
votre Supplément : au moyen de quoi
fa critique devient, à quelques égards,
un fuffrage d'autant plus flateur pour
vous qu'on ne peut le foupçonner de
complaifance; mais quoiqu'elle femble
par-là fe tourner contre moi feul, je ne

(*) *Obfervations fur la formation des
Montagnes, &c. par* P. S. PALLAS. 1779.

laiſſe pas de la trouver bien plus propre à m'affermir qu'à m'ébranler.

M. Pallas vous reproche, entr'autres choſes, d'avoir confondu les granits avec toutes les montagnes que vous diſiez être généralement formées & arrangées par les eaux; & d'avoir ſoutenu que les plus hautes de ces montagnes ont été couvertes & ſurmontées par la Mer. Mais ce ſont là deux articles ſur leſquels il vous devra réparation, lorſqu'il aura lu votre nouvelle Théorie. S'il va encore plus loin que vous, lorſqu'il réduit à 100 toiſes ſeulement la plus grande hauteur des premières Mers, que vous portez juſqu'à 2000; vous le laiſſez à votre tour bien en arrière, en faiſant deſcendre le granit directement du ſoleil : auſſi paroît-il encore plus éloigné d'être d'accord avec vous qu'avec moi. Nous ne lui paſſerons certainement pas les bornes étroites qu'il donne à l'ancienne Mer : mais de ſon côté il ſe déclare d'avance, ainſi que moi, non-ſeulement contre l'origine que vous donnez au granit, mais même contre le feu ſolaire que vous prétendez avoir été relégué juſqu'aujourd'hui dans l'intérieur de la terre.

S'il m'appartenoit de vous départir, je
dirois que, malgré les conféquences contraires a mon Hypothéfe que M. Pallas
tire de fes découvertes & de fes obfervations, je n'y vois rien qui ne me con-
firme dans mes différentes idées, rien abfolument que je n'aie défiré d'y trouver,
ou à quoi je ne me fois pofitivement attendu. Non-feulement j'accorde tous les
faits qu'il rélate & qu'il décrit ; j'adopte
encore la plupart des explications pro-
chaines qu'il en donne. Il y en a une,
entr'autres, qui eft bien fatisfaifante pour
moi ; puifque, fi elle eft vraie, cela fuffit
pour prouver mon principe de la génération de tous les corps terreux ; c'eft celle
qu'il donne de ces montagnes purement
calcaires que j'ai appellées *natives*. Il les
diftingue & les reconnoit, ainfi que moi,
pour être le travail local, propre & immédiat de la Mer tranquille ; à la différence des autres montagnes, qu'il ne voit
que comme un ouvrage méchanique de
la Mer agitée.

Si une obfervation auffi fimple, fuivie
d'une claffification prefque toute femblable

à la mienne (*), eſt en même temps auſſi importante qu'elle me le paroît depuis longtemps ; l'on doit s'étonner, non-ſeulement qu'elle n'ait pas été faite ou employée plutôt, mais encore qu'elle le ſoit pour la première fois par deux obſervateurs auſſi éloignés, dont l'un n'a jamais vu que ſa petite Patrie, tandis que l'autre a parcouru le centre & les extrêmités de l'Hémiſphere, avec cette prévention trop familière aux Voyageurs, qu'il faut faire autant de pas qu'ils en ont fait, pour être à portée de voir & de juger auſſi ſainement qu'eux. Cela & l'ouvrage entier de M. Pallas me prouvent au contraire que, ſans quitter l'Auvergne & les Cévenes, ou la Lorraine & l'Alſace ; nous pouvons, vous & moi, obſerver & connoître la nature méditerrannée, auſſi bien que ſi nous traverſions la Tartarie, la Chine & la Sibérie.

Mais ces maſſes que j'appelle *natives* ; c'eſt-à-dire, premières dans l'ordre naturel, ſi ce n'eſt pas toujours dans l'ordre du temps ; pourquoi ne ſont-elles que

---

(*) *Voyez les pages* 75 — 81.

fecondaires aux yeux de M. Pallas, qui
leur accorde la même origine que moi?
Seroit-ce parce qu'en les comparant à
d'autres, il les auroit toujours trouvées
fubordonnées ou inférieures en fituation,
en étendue, en hauteur, en denfité, *&c.*?
Je ne le crois pas. Outre qu'il eft trop
clair-voyant pour juger ainfi de l'âge &
du rang, par la taille & par la confif-
tance; je fuis fûr qu'il a vu, ou qu'au
moins je lui montrerois, beaucoup de *fecondaires* qui égalent, & qui furpaffent
même celles qu'il nomme *primitives* en
grandeur & en volume; fi je ne dis pas
auffi en hauteur & en dureté, c'eft que j'ai
donné d'avance / la raifon des exemples
contraires. Il eft donc évident que M.
Pallas ne les nomme *fecondaires*, que
parce qu'il fe croit forcé comme vous à
réferver le nom de *primitif* pour une
matière inconnue qui, n'ayant en apparence rien de commun ni avec la mer ni
même avec le refte de la terre, lui femble,
comme à vous, avoir exifté avant tout:
voilà ce à quoi je m'attendois; & ce que
j'aurois penfé moi-même, fi je m'en fuffe
tenu au premier jugement, fans appro-

fondir toutes les raisons qui sont pour &
contre : c'est aussi le point particulier ou notre Physicien Russe s'accorde avec vos fameuses Époques de la nature, autant qu'il
est possible de s'accorder en partant d'Hy-
pothèses bien différentes. Mais si son granit, comme simple roche préexistante,
est plus admissible que le vôtre comme
lingot solaire ; je doute d'ailleurs que la
Théorie qu'il pourroit en déduire, fût aussi
complette & aussi séduisante que la vôtre.

C'est donc cette singulière & mysté-
rieuse nature du granit qui, comme je
l'ai dit plus haut, vous en impose à tous
deux : c'est l'oubli ou l'absence absolue
des agens, des moyens & des exemples
d'une pareille production, qui vous fait
recourir à des suppositions & à des para-
doxes aussi étonnants ; à une matière qui
ne seroit rien moins que céleste, éternelle, antérieure au moins à toutes les
autres matières ; & qui cependant vous
paroît n'être absolument composée que
*de quartz, de cryflaux, de pyrites, de
bafaltes,* de cendres, *&c*; toutes choses
que vous reconnoissez d'ailleurs pour être
très - certainement des productions du
temps

temps. Voilà comme, prefque jamais, il n'y a de milieu entre la vraie fcience & la fuperftition.

Mais je crois de bonne foi que pour faire difparoître tout ce merveilleux, il fuffit de la réponfe détaillée que j'ai faite à la fixième queftion (*), qui pour être alors toute neuve ne m'en paroiffoit pas moins une des plus curieufes de l'Hiftoire Naturelle, & qui devient encore plus in-téreffante aujourd'hui par la nouvelle fo-lution qu'en donne M. Pallas. Je pour-rois tirer grand parti des obfervations & des réflexions qu'il met au jour ; mais ce fe-roit fans rien changer à ma réponfe : Je fuis d'ailleurs fi perfuadé d'avoir fait ren-trer le granit dans l'ordre naturel des ou-vrages du temps ; de l'avoir rangé dans la claffe générale qui lui convient le plus ; enfin, d'avoir défini la plus énigmatique de toutes nos pierres, de manière à la rendre déformais la mieux connue ; que je crois inutile de me répéter, ou d'ajouter quelque chofe à ce fujet.

(*) *Pages* 113 & *fuivantes jufqu'à* 134,

H

Je dirai feulement que, quelqu'étrange
que foit la différence réciproque de nos
trois opinions à cet égard, je me flatte
que vous & M. Pallas trouverez dans la
mienne une explication facile & naturelle
de toutes ces maffes, de toutes ces chaînes
& de toutes ces branches *granitiques*; que
vous ne les confidérerez plus ni comme
une portion du foleil, ni comme la roche
fondamentale & primitive qui conftituoit
le globe avant qu'il y eût de la terre.
Vous n'y verrez au contraire que des accidens de différens âges, tous poftérieurs
à la Mer, & même à la Terre combuf-
tible; c'eft-à-dire des Ifles, des Montagnes, des Provinces entières déjà exiftantes, lorfque, dans un temps prodigieu-
fement reculé, elles ont été ravagées en
tous fens & en toutes directions, continues ou ramifiées, découpées ou ifolées,
par des volcans fi furieux que nous ne
pouvons les concevoir : Embrafemens qui,
à mon avis, feroient fuffifamment prou-
vés par l'exiftence feule des granits les
plus antiques; & qui doivent l'être, même
aux yeux des plus incrédules, par ces autres granits modernes & imparfaits, qui

font encore recouverts & entre-mêlés de tous les autres produits & vestiges volcaniques les plus frappans ; tels qu'on les voit dans nos Provinces méridionales : Agens de destruction dont la voracité, ayant été brusquement arrêtée dans tous ces cas tant anciens que modernes, semble n'avoir duré qu'autant qu'il falloit pour élever au contraire, & pour laisser après elle, les monumens les plus fiers & les plus indestructibles de la nature ; mais qui par-tout ailleurs, & principalement où il ne reste plus aucunes de ses traces, semble aux yeux de notre Voyageur comme aux miens, avoir achevé & consommé la ruine entière de la surface du Globe, englouti & soulevé les Continens, creusé & comblé les Mers, enfin déplacé les eaux universelles aux différentes Epoques que je crois avoir assez bien reconnues & indiquées. C'est ainsi, qu'en-dépit de leurs préventions & de leurs systêmes contradictoires, les bons Observateurs servent toujours la vérité (*).

Cet article une fois accordé, M. Pallas

_____

(*) Effectivement, comme j'ai montré en

ne pourra pas fe difpenfer d'admettre une première Mer, au moins égale en hauteur à la vôtre. Quand il fe refuferoit aux raifons & aux démonftrations qui fe trouvent chez vous & chez moi, il feroit engagé par le feul acquiefcement qu'il auroit donné

France des maffes graniteufes de trois âges fort différens, répondans à trois étages & à trois époques où la Mer & les Volcans femblent s'être partagé l'empire de toute la Terre; de même au milieu de l'Afie, M. Pallas nous dépeint des chaînes & des branches granitiques de différens ordres. S'il les caractérife ainfi, l'on fent bien que c'eft d'après l'opinion qui veut que le granit foit la matière unique & continue du noyau, de l'épine, des arrêtes, enfin de toutes les formes extérieures du Globe. Si dans des maffes de hauteurs fi différentes il ne remarque aucune différence d'âge, c'eft qu'il eft trop prévenu d'avance qu'elles font toutes plus anciennes que le temps; c'eft peut-être auffi que fur ce *plateau afiatique* il n'y en a point qui ne foient plus élevées, par conféquent plus vieilles & plus défigurées encore que celles de nos Vofges. Si à la vue & à l'examen de toutes ces maffes qui ne font évidemment que des vitrifications, un obfervateur auffi habile que lui ne les a pas même foupçon-

à mon opinion fur l'origine du granit : puifque fa formation fuppofe, comme on l'a
vu, une immerfion inftantanée, par conféquent une Mer qui, comme vous l'affurez vous-même, environnoit de très-
près les bouches de ces premiers volcans :

___

nées d'être l'ouvrage de feux & de Volcans
auffi furieux & auffi antiques que ceux qu'il
affure avoir exifté ; c'eft qu'il n'y refte plus,
fans doute, aucun de ces autres fignes volcaniques que nous ont confervés des époques
plus récentes, mais toutes femblables, & qui
dans l'Auvergne, ainfi que dans tous les environs, doivent frapper l'efprit autant que les
yeux ; c'eft peut-être auffi qu'une découverte
auffi fingulière que celle-ci ne pouvoit naître
que du conflict des nouvelles opinions fur
le même fujet ; ou bien que, comme tant
d'autres, elle étoit trop fimple pour être faite
par des Sçavans. Enfin, fi je fuis feul à foutenir que tous les granits étoient des matières
terreftres & marines avant que d'être vitri-
fiées ; on fçait que je ne répugne pas pour
cela, qu'au contraire j'incline fort à foutenir
auffi avec mes adverfaires que, fur-tout au
centre de l'Afie, les granits font d'une date
& d'une conftitution antérieures à toutes les
autres pierres ; c'eft-à-dire qu'ils font aujourd-
d'hui la feule chofe qui y refte vifible dans

puifque j'ai dit non-feulement que le granit, à gros grain fur-tout, a été reçu &
trempé en grenaille dans la Mer; mais
encore que le fommet de ces monceaux
jetifles a été confidérablement rabattu depuis, tant par le ravage des Eaux qui fe
font retirées avant qu'il fût pétrifié, que
par le taffement prodigieux qu'a dû fouffrir enfuite une pareille maffe, qui tout

le même état où elle exiftoit à cette date;
qu'ainfi toute autre efpèce d'organifation fur
l'enveloppe de la terre peut être réputée,
non-feulement comme poftérieure à celle-là,
mais encore comme formée en moindre ou
en plus grande partie de fes débris.

Voilà, dans toute fa force, l'Obfervation
fondamentale & la thèfe la mieux établie
de votre Théorie nouvelle; c'eft auffi, fans
rien changer ni ajouter aux termes, l'unique
fondement de celle de M. Pallas; & c'eft,
comme on vient de le voir encore, une des
conféquences fimples, naturelles & néceffaires
de la mienne. On peut donc tenir pour très-
vrai un point auffi-effentiel, fur lequel trois
opinions prefque contradictoires font forcées
de fe réunir. Mais on doit voir en même
temps, que fi je m'écarte de vous dans les conféquences éloignées de notre thèfe commune,
c'eft uniquement lorfque vous vous écartez

en même temps acquéroit de la pesan-
teur & perdoit ses appuis de toutes parts:
aussi, ce mouvement général d'éboulis est-
il la chose la mieux constatée & la mieux
signalée dans le granit, par cette infinité
de ruptures qu'on y trouve en tous
sens, toutes inclinées à l'horizon, toutes
obliques entr'elles; & qui se remarquent
encore dans les blocs les plus intégres,
comme y ayant été recousues depuis par
les lessives & les infiltrations quartzeuses:
quand vous nous donnez toutes ces ger—

---

vous-même de ce qui est strictement prouvé
& convenu, pour hasarder chacun un sys-
tême particulier; c'est lorsque vous voulez,
chacun à votre manière, dépouiller la Nature
actuelle de sa puissance & de ses droits im-
prescriptibles sur tout ce qu'elle embrasse actuellement; c'est lorsqu'au milieu de ses ou-
vrages, qu'on peut même appeller les plus
modernes, vous prétendez nous montrer une
composition qui seule auroit été au-dessus de
ses forces, une matière qui seule ne lui ap-
partiendroit pas, & qui ne pourroit être que
les restes étrangers d'une autre nature indé-
finissable qui se feroit déjà trouvée anéantie
avant la naissance de celle dont nous donnons
l'histoire la plus reculée.

H 4

fures obliques & irrégulières pour être ici
l'effet évident de la confolidation d'un
verre fondu ; vous oubliez fans doute que
dans le bafalte, ce font des parallélipipédes
& de grands compartimens réguliers, tous
horizontaux & verticaux, que vous prétendez être auffi l'effet de la même caufe (*).
S'il eft donc vrai, comme M. Pallas l'affure, avant ou après vous, que les plus
hautes Montagnes de la Terre, quoique
bien plus baffes qu'elles n'étoient, font
toutes couronnées de granit; il faut bien
que je convienne avec vous qu'il ne fubfifte plus rien de cet ancien Monde, qui
n'ait été en proie aux Volcans, comme
tout ce qui en a difparu : mais vous ferez
à votre tour, forcés tous deux d'admettre
une Mer auffi haute que la mienne, avec
les conféquences qui s'enfuivent; par cette
même raifon que vous nous donniez pour

_____

(*) *Voyez fur la nature du bafalte les
pages & notes* 118 — 124. S'il exiftoit réellement fur la terre un échantillon pur du Soleil, il n'y a que les bafaltes qui puffent
paffer pour les fragmens de ce verre, de ce
métal, ou plutôt de ce cryftal inconnu ; car fi ce
n'eft pas une argile pêtrie & moulée, comme je
l'ai dit, c'eft indubitablement une cryftallifa-
tion.

preuve irrévocable du contraire (*),
l'exiſtence des granits.

Au moins conviendra-t-on avec moi
que malgré ſa nature inconnue juſqu'ici,
malgré l'éminence accidentelle de ſa ſi-

(*) C'eſt une choſe bien étonnante de
voir M. Pallas très-perſuadé, d'une part,
que la Mer n'a jamais été, & n'a jamais eu
beſoin d'être que de 100 toiſes plus haute
qu'elle eſt; convaincu, d'un autre côté, que
les produits de la Mer, ſes dépouilles, ſes
traces même ſe trouvent néanmoins à trois
ou quatre mille toiſes plus haut; & réduit,
en conſéquence, à forcer ſon imagination
juſqu'au point d'aſſurer que toutes les Montagnes excédentes 100 toiſes, excepté les granitiques; que toutes les Alpes Européennes,
entr'autres, ne ſont que des tuméſcences &
des éruptions ſoulevées ou élancées du fond
de la Mer par la violence des Volcans & des
feux ſous-marins; juſqu'au point de donner
les mêmes agens pour cauſe des mouvemens
accidentels qui ont porté la Mer elle-même
ſur les plus hautes Montagnes, pour y faire
tous les dépôts du genre qu'il nomme *tertiaire*,
& que j'appelle *arénacé*. Je craignois qu'on
ne m'accuſât d'avoir fait jouer aux Volcans un
trop grand rôle ſur le théâtre de la Nature;
mais, certainement, il y a là de quoi me
raſſurer.

H 5

tuation, le granit ne mérite plus d'être
regardé ni comme la propre fubftance du
Soleil, ni même comme la première des
fubftances planétaires : mais qu'il doit au
contraire tenir fur la Terre le dernier rang
que j'ai affigné aux matières *jetiffes*; je
veux dire à celles qui dans leur état actuel
ont été produites & dépofées, non plus
par la Mer, mais par la violence feule des
incendies & des vents; & qui, toutes confidérables qu'elles font & qu'elles ont été,
n'avoient encore jufqu'ici ni une claffe
particulière, ni même un nom générique.

Le premier des trois genres de Montagnes de M. Pallas, le *primitif*, fe trouvant par-là fupprimé, c'eft-à-dire tranf-
porté, remplacé & réduit à n'être plus
qu'une efpèce affez nombreufe d'un genre
nouveau qu'on ne diftinguoit pas, le *jetiffe*; les deux autres fe reconnoîtront aifément dans l'effai que j'ai auffi donné.
Ses Montagnes *fecondaires* deviendront
alors les premières, & feront vifiblement
celles que j'ai appellées *natives*, c'eft-à-
dire produites & arrangées fur le lieu
même, de prime abord, & par la Mer

feule (*). Ce font celles-là même dont la plus grande partie a difparu dès les premiers temps de leur habitation, pour

---

(*) Je remarque avec plaifir que mon opinion fur ces matières calcaires, confidérées comme natives & univerfelles, paroît être abfolument la même que celle que M. Pallas attribue à M. Delius. Lorfqu'il la lui reproche comme une idée trop fingulière, lors même qu'il croit la combattre ; il ne fait, ce femble, que la confirmer, & ajouter aux preuves que cet Auteur en a pu donner lui-même. Mais ils feront néceffairement d'accord, tant entre eux qu'avec moi, fur ce point effentiel qui fait la bafe de toute ma Théorie ; lorfqu'il n'y aura plus d'illufion fur la nature du granit, ni de mal-entendu fur le mot *primitif.*

Le fentiment de Mr. Delius dans fon *Traité fur la fcience des Mines*, page 110, tel que je le trouve cité, c'eft *que toutes les hautes Montagnes du Globe, ainfi que la bafe & le noyau même de notre Planète, doivent être de roche calcaire.* Voilà précifément auffi ma thèfe principale ; & je prouve que toutes les exceptions apparentes à ce plan régulier de la Nature, font les effets évidens d'un défordre momentané, qui lui-même eft inconteftablement prouvé d'ailleurs. Tandis que vous, & M. Pallas, ne cherchez cette Nature originelle & effentielle que dans ces mêmes

avoir été ou tout-à-fait détruites par les pre_
miers Volcans, ou feulement ravagées,
dénaturées & culbutées au point de vous
paroître une matière abfolument étrangère
à la Terre : tant il eft vrai que vous êtes
forcé, malgré vos principes, de ne reconnoître pour terreftre que ce qui porte

accidens, parce que jufqu'à préfent ils vous
ont paru inexplicables ; dans ces veftiges de
confufion qui couvroient autrefois toute la
furface de la Terre, parce qu'aujourd'hui vous
les trouvez effacés & enfevelis fous des productions calcaires & plus modernes : comme
fi ce nouveau travail pouvoit appartenir à une
Nature nouvelle, & déroger à cet ordre im-
muable qui depuis la Cataftrophe n'a pu cefler
de régner tel qu'auparavant : comme s'il n'y
avoit pas, quoique vous en difiez, d'autres
productions calcaires, qui font recouvertes à
leur tour par ces mêmes veftiges que vous
croyez être de toute antiquité ; & qui tant
par là, que par les autres circonftances de
leur pofition & de leur établiffement, atteftent non-feulement qu'elles peuvent difputer
de date avec eux, mais encore qu'elles ont
été les témoins faufs & privilégiés de l'in-
cendie lui-même qui les a produits, & du
bouleverfement prefque général qui en a été
la fuite.

l'empreinte aquatique. Quant à fes Montagnes *tertiaires*, elles prendront néceffairement l'ordre & la place des *fecondaires*: fuivant l'analyfe & la defcription qu'il en donne, c'eft évidemment ce que j'ai entendu par les terres & les pierres *arénacées* en général ; qui doivent bien auffi leur place & leur compofition actuelles aux flots de la Mer ; mais qui avoient eu déjà une exiftence ailleurs ; & qui de l'état de calcaires natives ont paffé médiatement ou immédiatement à celui qu'elles tiennent aujourd'hui, par des déplacemens & des tranfports qui ont pu être ou très-éloignés, ou très-fouvent répétés, qui ont pu conféquemment opérer tous les mélanges poffibles : unique raifon des diffemblances & des variétés infinies qu'on remarque dans la nature & dans la compofition de ce fecond genre ; tandis que les deux autres, & fur-tout le premier, font en général toujours femblables à eux-mêmes (*). Nous différetons feulement,

_____

(*) S'il eft befoin d'infifter fur cette nouvelle opinion, & de la juftifier par des exemples ; j'ajouterai ici que les différens degrés

en ce que ce fecond genre de terres paroît à M. Pallas n'avoir, fous le nom de
tertiaire, rien de commun avec le précédent; & n'être excluſivement que l'ouvrage du déluge : tandis que je le fais
fortir du premier, & que je l'attribue en

---

de mêlange & de dégénération , que les terres
natives ont fubis en paſſant dans la claſſe
d'arénacées, font frappans à mes yeux. Je les
fuis & je les retrouve encore preſque par-
tout; & d'abord, dans ces Montagnes propre-
ment dites de gypſe & de plâtre , qui font ſi
communes & ſi conſidérables : il eſt impoſſible de ne les y pas reconnoître comme ayant
confervé, ſinon toute la pureté & la ténuité
de leurs premiers élémens, au moins les qualités eſſentielles & caractériſtiques de la chaux;
& de ne pas obſerver auſſi que c'eſt, ou pour
n'avoir été démolies & remuées qu'une fois,
ou pour n'avoir pas été charriées loin de leur
place natale ; de forte que la détérioration &
le mêlange de fable s'y trouvent naturellement dans la proportion que l'art eſt obligé
d'employer pour faire du mortier avec la chaux
vierge. En partant de cette première altération de la chaux, je vois fa nature changer &
la mixtion augmenter de plus en plus, juſqu'à ces eſpèces de pierres qui ne font plus
calcaires, quoiqu'elles foient encore calcina-

général à la force impulsive des flots de la Mer, qui a toujours accompagné & très-souvent contredit sa vertu productive; l'une créant ici, l'autre détruisant là pour aller ensuite réédifier ailleurs; & toutes deux laissant toujours & réciproquement

bles.; jusqu'à celles qui ne sont plus calcinables, quoiqu'elles soient encore gelisses ou gypseuses, parce que la dose de vraie chaux y est trop petite ou trop embarrassée; enfin, jusqu'à celles qui ne sont plus ni l'un ni l'autre, & qui à force de transmutations, de combinaisons & d'accidens, qui détruisoient de plus en plus leur qualité primitive, vous paroissent aujourd'hui être essentiellement vitrifiables, & l'avoir été de tout temps : car, selon vous, il n'y a point de milieu, & la Nature unique seroit divisée entre deux natures opposées & aussi essentielles l'une que l'autre.

J'avoue que ce n'est pas sans grande vraisemblance que vous, & M. Pallas, jugez ces dernières matières plus anciennes que les autres, puisqu'elles se trouvent souvent au-dessous & jusqu'aux plus grandes profondeurs connues : mais si vous réfléchissez que c'est toujours dans l'état *d'arénacées*, & que par conséquent elles ne peuvent être réellement que des débris, vous conviendrez d'abord que

dans leurs conftructions différentes quelques effets très - reconnoiffables de leur
travail propre & particulier. Je n'exclus
donc point ni la réalité du Déluge, ni fes
effets, ni même ceux des fimples débor-
demens, qui ont dû travailler en petit

---

ces grands vuides exiftoient avant elles ; que
les calcaires, en tant que natifs, doivent
être d'un ordre antérieur : & ces débris fuf-
fent-ils en plus grande partie ou en totalité des
débris de granits, comme vous le dites, &
comme je puis vous l'accorder, vous conviendrez encore qu'ils ont dû tomber naturellement & néceffairement dans les plus
grands fonds qui exiftaffent alors entre les
Montagnes, foit calcaires, foit graniteufes :
comme je conviens à mon tour que fur ces
anciens décombres, & mêmes fur les monceaux plus anciens encore de granit vierge,
il s'eft établi & formé une infinité de nouvelles maffes calcaires qui, pour être bien
poftérieures à d'autres maffes de l'un & de
l'autre genre déjà détruites ou difperfées, n'en
font pas moins du genre que j'appelle *natif*,
s'il a les qualités originelles qui le diftinguent
de tout autre.

Auffi me fuis - je bien gardé d'affigner,
comme vous & comme M. Pallas, un âge
refpectif à tant de matières différentes : je

& à peu près de la même manière; mais dont l'ouvrage feroit aifé à diftinguer de celui de la Mer univerfelle & ftationnaire.

Malgré ces différences dans nos conféquences éloignées, & fur-tout dans nos

---

vois trop combien de fois elles fe font fuccédées & remplacées réciproquement, combien de fois la Terre & la Mer ont changé de face & de travail. Mais je n'ai pas héfité à fixer l'ordre relatif des trois genres en difant, 1°. que tout ce qui eft *jetiffe* étoit précédemment *arénacé*; fi ce n'eft peut-être le granit, la pierre de Volvic à qui je donne ici un nom collectif, & en général les éruptions de volcans, qui toutes font fenfées n'avoir eu, depuis leur premier établiffement, d'autres interméde deftructeur que le Feu: 2°. qu'au moins il n'y a rien foit *jetiffe*, foit *arénacé*, qui n'ait commencé par être calcaire: 3°. & que tout ce qui eft purement calcaire provient immédiatement de l'*Eau*. Je penfe même que ce premier principe de toute *Terre* peut, après avoir difparu tout entier, redevenir encore fon unique & dernier élément, par une décompofition dont j'entrevois la poffibilité dans les feules forces de la nature actuelle. Je crois enfin, qu'avec tous les degrés de chaud & de froid que je conçois comme poffibles &

principes hypothétiques, je ne crois pas
qu'il y ait deux Naturaliftes qui fe foient
encore fi bien accordés dans leur manière,
tant de voir, que de juger l'ordre, la
formation & la défiguration des Montagnes; c'eft-à-dire, de toutes les matières

même comme exiftans, il n'y a rien de connu
qui ne foit liquéfiable & *volatifable*; rien non
plus qui ne foit calcinable & geliffe : qu'il
n'y a par conféquent aucunes formes maté-
rielles que l'eau ne puiffe prendre, & ne
puiffe quitter fucceffivement, pour renaître
dans d'autres temps avec tous les caractères
d'un élément univerfel & inaltérable ; pour
perpétuer ainfi d'âges en âges une fucceffion
de Mondes, qui vivent, qui vieilliffent, qui
s'engourdiffent & qui fe réveillent tout rajeunis.

Si vous m'accufez, Monfieur, de donner ici
dans des écarts femblables à ceux que j'ai prof-
crits moi-même ; je dois fans doute m'en prendre à ce que je n'ai pas eu le talent de vous
montrer au moins comme poffible ce qui
femble actuel & préfent à mes yeux, ce qui
porte dans mon efprit une efpèce de convic-
tion : mais je dois auffi efpérer que la réfle-
xion fe familiarifera avec celles de mes idées
qui paroiffent trop fingulières, lorfqu'on les
trouvera toutes enchaînées depuis la première

terreftres : car on peut affirmer que l'intervalle qui fépare les Montagnes, quelque grand qu'il foit, a été originairement
conftitué comme elles ; & que, fi on en
excepte le genre des marbres & des craies,
tout ce qui remplit cet intervalle jufqu'à
une profondeur fouvent inconnue, eft bien
plutôt le débris de ces mêmes Montagnes
exiftantes, que des plages ou des Montagnes peut-être encore plus hautes dont ce
vuide tient aujourd'hui la place.

A cet accord tout inopiné, tout in-
volontaire qu'il eft de la part de M. Pallas; fi j'ajoute l'autorité claire & formelle
qu'il me fournit dans ce fçavant Minéra-
logifte Autrichien, qu'il ne cite cependant que comme un exemple dangereux

---

jufqu'à la dernière par le fil le plus naturel,
& par les conféquences les plus philofophi-
ques. Si le Temps & l'Efpace n'ont point de
bornes, n'en faut-il pas conclure qu'ils n'ont
point non plus de barrières de divifion ; qu'il
n'y a point de fubftances étrangères l'une à
l'autre ; que l'unité y regne comme dans un
feul point ; & que fi une première chofe pouvoit être une fois connue, tout y feroit
connu.

d'obfervations trop bornées & de juge-
mens trop précipités ; c'en fera affez pour
m'affermir dans mes longues & mûres re-
flexions, & dans la confiance où j'étois
d'avoir trouvé non-feulement la meilleure
clef de l'étude particulière des Montagnes,
mais encore le meilleur Principe d'une
Théorie générale de la Terre : puifque
cette clef & ce principe font auffi dépen-
dans, & auffi inféparables l'un de l'autre,
que de ce qui femble le plus conftant &
le mieux avéré dans toutes les obfervations faites jufqu'aujourd'hui.

JE viens auffi de lire après coup deux
Lettres de M. l'Abbé R.. (*) : mais
quoique je me fois rencontré avec lui
dans quelques-unes de mes objections fom-
maires, qui font à la portée de tout le
Monde, & que vous vous êtes faites à
vous-même, je fuis bien éloigné de m'en

_____

(*) *Année Littéraire* 1779, n°. 34 & 35.

prévaloir. Un Professeur Royal de Philosophie qui ne voit chez vous que des rêveries absurdes & révoltantes; qui par conséquent ne peut pas voir autre chose chez moi, & chez quiconque entreprendra d'examiner les différens états par lesquels la matière a pû, & peut encore passer; semble nous dire qu'il a seul le mot de la Divinité, & qu'il défie la Nature d'avoir des secrets pour lui. Il n'en faudroit pas moins en effet pour expliquer comment il ose attaquer un grand Physicien, en avouant qu'il ne daigne pas être Physicien lui-même; & comment il peut espérer de le vaincre avec les seules & puériles armes du ridicule, ridiculement aiguisées par les Censures Ecclésiastiques. Il menace cependant de revenir au combat, & pour cette fois de battre en brêche votre Granit Solaire: mais il pourra bien le trouver trop dur, s'il y emploie toute autre artillerie que la mienne: & à coup sûr, par un mélange aussi bizarre de Théologie & de sarcasmes, il ne fera honneur ni au goût de ses Lecteurs à qui il croit ne pouvoir plaire qu'en sacrifiant ainsi la convenance

& la décence, ni aux lumières de la Sor-
bonne qu'il nous annonce comme l'En-
nemi déclaré des Sciences purement Hu-
maines & Naturelles ; tandis qu'au contraire elle les encourage & les cultive
elle-même, tandis qu'elle fçait fur-tout
combien les progrès de la Phyfique ont
été déjà, & peuvent être encore utiles
au genre humain. Mais ne fut-ce qu'une
Science vaine ou de pure curiofité, elle
feroit encore innocente, quoiqu'il en dife,
& affez juftifiée par ces belles paroles du
Sage :

Et mundum tradidit difputationi eorum.

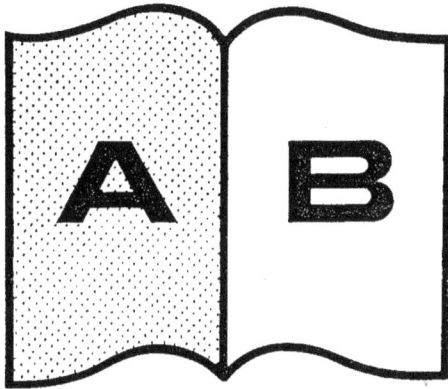

Contraste insuffisant

NF Z 43-120-14

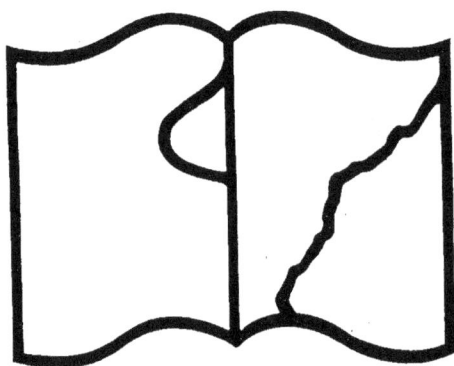

Texte détérioré — reliure défectueuse

NF Z 43-120-11

www.ingramcontent.com/pod-product-compliance
Lightning Source LLC
Chambersburg PA
CBHW060532210326

41519CB00014B/3202